TABLES COMPARÉES

DES

ANCIENNES ET NOUVELLES MESURES

GÉNÉRALEMENT USITÉES EN FRANCE,

Et de celles spéciales aux départements de

LA SEINE, LA NIÈVRE, L'ALLIER, LE PUY-DE-DÔME, LE CANTAL, LA LOIRE,
LE RHÔNE, L'YONNE, LA CÔTE-D'OR, SAÔNE-ET-LOIRE, L'AIN, LA HAUTE-SAÔNE, LE DOUBS, LE JURA,
L'ISÈRE, LA DRÔME, LES HAUTES-ALPES, LA HAUTE-LOIRE, L'ARDÈCHE;

Par L. Passot.

Avant le système décimal, l'on comptait de Perpignan à Dunkerque, plus de poids, plus de mesures que de lieues, et l'on ne pouvait hasarder un pas sans se mettre au risque de faire des dupes, ou de l'être soi-même.

Broch. 3 fr. 50 c.

PARIS,

PASSOT ET PONCET, ÉDITEURS,

RUE DUPHOT, 17.

TABLES COMPARÉES

DES

ANCIENNES ET NOUVELLES MESURES

GÉNÉRALEMENT USITÉES EN FRANCE,

Par L. Passot.

Avant le système décimal, l'on comptait de Perpignan à Dunkerque, plus de poids, plus de mesures que de lieues, et l'on ne pouvait hasarder un pas sans se mettre au risque de faire des dupes, ou de l'être soi-même.

Broch. 3 fr. 50 c.

PARIS,

PASSOT ET PONCET, ÉDITEURS,

RUE DUPHOT, 17.

1840.

TABLE

Extrait des Lois constitutives du nouveau Système des Poids et Mesures. --- Tableau des Mesures légales. --- Ordonnance du 16 juin 1839, et Tarif de la Vérification. --- Nomenclature des Délits et Contraventions en matière de poids et mesures. --- Dispositions pénales. --- Indispensabilité de ces Tables.

EXTRAIT DES LOIS CONSTITUTIVES

DU NOUVEAU SYSTÈME DES POIDS ET MESURES.

INTRODUCTION.

L'idée dominante de Napoléon (1), celle qu'il poursuivit de son infatigable activité jusqu'au jour de sa chute, n'était point une idée de guerre, mais d'association; c'était une lutte à mort entre le vieux et le nouveau système européen; mais dans ce duel il y avait une pensée sociale, industrielle, commerciale, humanitaire.

« Tant qu'on se battra en Europe, disait-il à Ste-Hélène, ce sera une « guerre civile. »

Plus le monde se perfectionne, plus les barrières qui divisent les hommes s'élargissent, plus il y a de pays que les mêmes intérêts tendent à réunir; aussi son génie lui faisait prévoir que la rivalité qui divise les différentes nations de l'Europe disparaîtrait devant un intérêt général bien entendu.

Pour cimenter l'association européenne, l'Empereur, suivant ses propres paroles, eût fait adopter un code européen, une cour de cassation européenne, redressant pour tous les erreurs, comme la cour de cassation en France redresse les erreurs de ses tribunaux. Il eût fondé un institut européen pour animer, diriger et coordonner toutes les associations savantes en Europe (2). L'uniformité des monnaies, des *poids*, des *mesures*, l'uniformité de la législation, eussent été obtenues par sa puissante intervention.

---

(1) *Idées Napoléoniennes*, par Louis Bonaparte.

(2) L'Empereur avait déjà commencé cette espèce d'association européenne pour les sciences, en donnant des prix européens pour les découvertes ou inventions nouvelles. Malgré l'état de guerre, Davy à Londres, et Hermann à Berlin, gagnèrent des prix créés par l'Institut.

Dans une même pensée de confraternité européenne, l'Empereur fit déclarer, par un sénatus-consulte du 21 février 1808, que ceux qui auraient rendu ou qui rendraient des services importants à l'état, et qui apporteraient dans son sein des talents, des inventions, ou une industrie utile, ou qui formeraient de grands établissements, pourraient, après un an de domicile, être admis à jouir du droit de citoyen français, qui leur serait conféré par un décret.

Le système d'unité que Napoléon voulait imposer au monde pour son bonheur, un autre (1) nous a donné les moyens de le réaliser. Souverains et peuples, tous aideront, parce que chacun y verra une garantie d'ordre, de paix et de prospérité.

Le génie de notre époque n'a besoin que de la simple raison. Il y a trente ans, il fallait deviner et préparer ; maintenant il ne s'agit plus que de voir juste et de recueillir.

L'uniformité des *poids et mesures* était un besoin généralement senti ; et lorsque l'Assemblée-Nationale proclama son décret : IL N'Y AURA PLUS QU'UN POIDS ET UNE MESURE, cette nouvelle fut reçue partout comme un bienfait des transactions sociales.

Le système métrique et décimal est une œuvre d'une simplicité admirable, et il y a lieu de croire que toutes les nations du monde finiront par l'adopter. Ce sera un pas de géant, de plus encore, vers l'unité générale.

Pour dompter l'habitude, pour faciliter et accélérer l'établissement de l'universalité des poids et mesures sur tous les points de la France, le gouvernement, s'associant aux vœux de la nation, a promulgué plusieurs lois qui en ordonnent l'usage exclusif à partir du 1er janvier 1840.

Nous allons donner des extraits de ces lois.

EXTRAIT *de la Loi du* 18 *germinal an III.*

Art. II. Il n'y aura qu'un seul étalon de poids et mesures ;.... ce sera une règle de platine sur laquelle sera tracé le *mètre*,.... unité fondamentale de tout le système des mesures.

V. Leur nomenclature est définitivement adoptée comme il suit : On appellera

Mètre, la mesure de longueur, égale à la dix-millionième partie de l'arc du méridien terrestre, compris entre le pôle boréal et l'équateur;

Are, la mesure de superficie pour les terrains, égale à un carré de dix mètres de côté;

Stère, la mesure destinée particulièrement aux bois de chauffage, et qui sera égale au mètre cube ;

Litre, la mesure de capacité, tant pour les liquides que pour les matières sèches, dont la contenance sera celle du cube de la dixième partie du mètre ;

---

(1) Fourier, dans son immortel *Traité d'association.*

Gramme, le poids absolu d'un volume d'eau pure, égal au cube de la centième partie du mètre, et à la température de la glace fondue.

Enfin, l'unité des monnaies prendra le nom de *franc*, pour remplacer celui de *livre*, usité jusqu'aujourd'hui.

VI. La *dixième* partie du mètre se nommera *décimètre*, et sa centième partie, *centimètre*.

On appellera *décamètre* une mesure égale à 10 mètres, ce qui fournit une mesure très-commode pour l'arpentage.

Hectomètre signifiera la longueur de 100 mètres.

Enfin, *kilomètre* et *myriamètre* seront des longueurs de 1,000 et de 10,000 mètres, et désigneront principalement les distances itinéraires.

VII. Les dénominations des mesures des autres genres seront déterminées d'après les mêmes principes que celles de l'article précédent.

Ainsi, *décilitre* sera une mesure de capacité dix fois plus petite que le litre ; *centigramme*, sera la centième partie du poids d'un *gramme*.

On dira de même *décalitre* pour désigner une mesure contenant 10 litres, *hectolitre* pour une mesure égale à 100 *litres* ; un *kilogramme* sera un poids de 1,000 grammes.

On composera d'une manière analogue les noms de toutes les autres mesures.

Cependant, lorsqu'on voudra exprimer les dixièmes ou les centièmes du franc, unité des monnaies, on se servira des mots *décime* et *centime*, déjà reçus en vertu des décrets antérieurs.

VIII. Dans les poids et mesures de capacité, chacune des mesures décimales de ces deux genres aura son double et sa moitié, afin de donner à la vente des divers objets toute la commodité que l'on peut désirer : il y aura donc le *double litre* et le *demi-litre*, le *double hectogramme* et le *demi-hectogramme*, et ainsi des autres.

XVIII. Le choix des mesures appropriées à chaque espèce de marchandises aura lieu de manière que, dans les cas ordinaires, on n'ait pas besoin de fractions plus petites que les centièmes.

EXTRAIT *de la Loi du 4 juillet* 1837 *sur les Poids et Mesures.*

Art. Ier. Le décret du 12 février 1812, concernant les poids et mesures, est et demeure abrogé (1).

---

(1) En 1812, on pensa que, pour réussir à faire adopter généralement les poids et mesures métriques, il convenait de faire confectionner, pour l'usage du commerce, des instruments de pesage et de mesurage présentant, soit les fractions, soit les métriques multiples des unités le plus en usage dans le commerce et accommodées au besoin du peuple. Le ministre de l'intérieur, par suite du décret du 12 février 1812, prit un arrêté, en date du 28 mars suivant, par lequel il créa, pour le commerce de détail et les usages journaliers, des mesures dites *usuelles*, auxquelles on donna plusieurs noms des anciennes mesures, et qui furent composées de fragments décimaux ajoutés ou enlevés aux types principaux des mesures légales, de telle sorte que les instruments de mesurage et de pesage furent aussi voisins que possible des poids et mesures abolis.

II. Néanmoins, l'usage des instruments de pesage et de mesurage confectionnés en exécution des articles 2 et 3 du décret précité, sera permis jusqu'au 1er janvier 1840.

Il m'a paru utile de reproduire cet arrêté qui indique le rapport des mesures usuelles avec les mesures métriques, rapport qu'il sera long-temps encore utile de consulter et de connaître.

Au surplus, le parti qu'on prit alors était évidemment fâcheux ; il allait directement contre le but qu'on voulait atteindre ; au lieu de rendre commun et populaire l'emploi du système métrique, il ne faisait que consacrer des habitudes déjà trop enracinées ; il augmentait même la confusion par le mélange des anciennes et des nouvelles mesures.

On avait cru un peu légèrement que les anciennes mesures étaient plus en harmonie avec les besoins du peuple : mais comme le faisait remarquer M. le ministre du commerce en présentant la loi à la Chambre des députés , le législateur de 1812 n'avait pas compris que c'étaient les *habitudes* du peuple et non ses *besoins* qui avaient résisté à l'admission du système métrique. « On reconnaît facilement, disait-il , en y réfléchissant , que la division de l'unité de poids , par exemple en 16 onces, ne correspond pas davantage , absolument parlant, aux besoins de l'homme du peuple que la division en 250 grammes , et qu'il suffit d'une habitude contraire pour qu'il exprime directement et sans traduction son besoin du moment par les sous-multiples décimaux du demi-kilogramme, tout aussi bien que par les divisions binaires de la livre. »

La présente loi entre donc avec raison dans la voie opposée à celle qui avait été suivie en 1812 ; elle n'admet plus les transactions qu'on avait cru précédemment adopter; elle rend le nouveau système rigoureusement obligatoire , en accordant cependant un laps de trois ans pour la mise à exécution. M. le ministre du commerce a exprimé la pensée que l'enseignement primaire avait déjà assez répandu la connaissance des mesures métriques , et que le commerce les avait assez généralement adoptées , pour que la loi pût être appliquée avec facilité. Sans doute quelques progrès ont été faits ; mais on ne doit pas se dissimuler que, même dans les classes élevées , la connaissance du système métrique est encore peu répandue ; et que, dans les transactions ordinaires de la vie, ce sont toujours les vieilles dénominations qui sont en usage. M. *Mounier* , dans un discours fort piquant , a presque fait avouer à la Chambre des pairs elle-même que beaucoup de ses membres seraient fort embarrassés s'ils devaient exprimer en mètres et millimètres quelle est leur taille , et quelle quantité d'étoffe est nécessaire pour leur faire un habit.

EXTRAIT *du Décret du* 12 *février* 1812.

Art. Ier. Il ne sera fait aucun changement aux unités de poids et mesures, telles qu'elles ont été fixées par la loi du 19 frimaire an VIII.

II. Notre ministre de l'intérieur fera confectionner, pour l'usage du commerce, des instruments de pesage et de mesurage , qui présentent soit les fractions , soit les multiples desdites unités les plus en usage dans le commerce, et accommodés aux besoins du peuple.

III. Ces instruments porteront sur leurs diverses faces , la comparaison des divisions et des dénominations établies par les lois, avec celles anciennement en usage.

IV. Nous nous réservons de nous faire rendre compte , après un délai de dix années, des résultats qu'aura fournis l'expérience, sur les perfectionnements que le système des poids et mesures serait susceptible de recevoir.

V. En attendant, le système légal continuera à être seul enseigné dans toutes les écoles, y compris les écoles primaires, et à être seul employé dans toutes les administrations publiques, comme aussi dans les marchés, halles, et dans toutes les transactions commerciales et autres entre nos sujets.

III. A partir du 1er janvier 1840, tous poids et mesures autres que les poids et mesures établis par les lois du 18 germinal an III et 19 frimaire an VIII, constitutives du système métrique décimal, seront interdits sous les peines portées par l'article 479 du code pénal.

EXTRAIT *de l'Arrêté pris par le Ministre de l'intérieur, le 28 mars 1812, pour l'exécution du Décret ci-dessus.*

Art. 1er. Il est permis d'employer pour les usages du commerce :

1° Une mesure de longueur égale à deux mètres, qui prendra le nom de *toise*, et se divisera en six pieds;

2° Une mesure égale au tiers du mètre ou sixième de la toise, qui aura le nom de *pied*, se divisera en douze pouces, et le pouce en douze lignes.

Chacune de ces mesures portera sur l'une de ses faces les divisions correspondantes du mètre; savoir: la toise, deux mètres divisés en décimètres, et le premier décimètre en millimètres; et le pied, trois décimètres un tiers, divisés en centimètres et millimètres; en tout, 333 millimètres un tiers.

II. Le mesurage des toiles et étoffes pourra se faire avec une mesure égale à douze décimètres, qui prendra le nom d'*aune*. Cette mesure se divisera en demis, quarts, huitièmes et seizièmes, ainsi qu'en tiers, sixièmes et douzièmes; elle portera sur l'une de ses faces les divisions correspondantes du mètre en centimètres seulement, savoir: cent vingt centimètres, numérotés de dix en dix.

IV. Les grains et autres matières sèches pourront être mesurés, dans la vente au détail, avec une mesure égale au huitième de l'hectolitre, laquelle prendra le nom de *boisseau*, et aura son double, son demi et son quart.

Chacune de ces mesures portera son nom, et en outre l'indication de ce rapport avec l'hectolitre, savoir :

Le double boisseau	*quart d'hectolitre.*
Le boisseau. 8e	*id.*
Le demi-boisseau. 16e	*id.*
Le quart du boisseau. 32e	*id.*

V. Pour la vente en détail des graines, grenailles, farines, légumes secs ou verts, le litre pourra se diviser en demis, quarts et huitièmes....

VII. Pour la vente en détail du vin, de l'eau-de-vie et autres boissons ou liqueurs, on pourra employer des mesures d'un quart, d'un huitième et d'un seizième de litre.... Chacune de ces mesures portera son nom indicatif de son rapport avec le litre.

VIII. Pour la vente en détail de toutes les substances dont le prix et la quantité se règlent au poids, les marchands pourront employer les poids usuels suivants; savoir:

La *livre*, égale au demi-kilogramme ou 500 grammes, laquelle se divisera en 16 onces; l'*once*, seizième de la livre, qui se divisera en 8 gros; le *gros*, huitième de l'once, qui se di-

IV. Ceux qui auront des poids et mesures autres que les poids et mesures ci-dessus reconnus, dans leurs magasins, boutiques, ateliers ou maisons de commerce, ou dans les halles, foires ou marchés, seront punis comme ceux qui les emploieront, conformément à l'article 479 du code pénal.

V. A compter de la même époque, toutes dénominations de poids et mesures autres que celles portées dans le tableau annexé à la présente loi, et établies par la loi du 18 germinal an III, sont interdites dans les actes publics, ainsi que dans les affiches et les annonces.

Elles sont également interdites dans les actes sous seing-privé, les registres de commerce et autres écritures privées produits en justice.

Les officiers publics contrevenants seront passibles d'une amende de 20 francs, qui sera recouvrée sur contrainte, comme en matière d'enregistrement.

L'amende sera de 10 francs pour les autres contrevenants; elle sera perçue pour chaque acte ou écriture sous signature privée. Quant aux registres de commerce, ils ne donneront lieu qu'à une seule amende pour chaque contestation dans laquelle ils seront produits.

VI. Il est défendu aux juges et arbitres de rendre aucun jugement ou décision en faveur des particuliers sur des actes, registres ou écrits dans lesquels les dénominations interdites par l'article précédent auraient été insérées, avant que les amendes encourues aux termes dudit article aient été payées.

VII. Les vérificateurs des poids et mesures constateront les contraventions prévues par les lois et réglements concernant le système métrique des poids et mesures. Ils pourront procéder à la saisie des instruments de pesage et mesurage dont l'usage est interdit par lesdits lois et réglements.

Leurs procès-verbaux feront foi en justice jusqu'à preuve contraire.

Les vérificateurs prêteront serment devant le tribunal d'arrondissement.

VIII. Une ordonnance royale réglera la manière dont s'effectuera la vérification des poids et mesures.

---

visera en 72 grains. Chacun de ces poids se divisera, en outre, en demis, quarts et huitièmes. Ils porteront, avec le nom qui leur sera propre, l'indication de leur valeur en grammes; savoir :

La livre. . . . . *grammes,*	500
La demi-livre.	250
Le quart de livre ou quarteron	125
Le huitième ou demi-quart	62.5
L'once	31.3
La demi-once	15.6
Le quart d'once ou deux gros	7.8
Le gros	3.9

TABLEAU DES MESURES LÉGALES.

(Lois des 18 germinal an III , 4 juillet 1837 et 29 juin 1839.)

MESURES DE LONGUEUR.

Noms systématiques	Valeur
Myriamètre	Dix mille mètres.
Kilomètre	Mille mètres.
Hectomètre	Cent mètres.
Décamètre	Dix mètres.
Mètre	*Unité fondamentale des poids et mesures* (1) (dix millionième partie du quart du méridien terrestre).
Décimètre	Dixième du mètre.
Centimètre	Centième du mètre.
Millimètre	Millième du mètre.

MESURES AGRAIRES.

Hectare	Cent ares ou dix mille mètres carrés.
Are	Cent mètres carrés, carré de dix mètres de côté.
Centiare	Centième de l'are ou mètre carré.

MESURES DE CAPACITÉ POUR LES LIQUIDES ET LES MATIÈRES SÈCHES.

Kilolitre	Mille litres.
Hectolitre	Cent litres.
Décalitre	Dix litres.
Litre	Décimètre cube.
Décilitre	Dixième du litre.

---

(1) L'étalon prototype en platine , déposé aux archives le 4 messidor an VIII, donne la longueur légale du mètre quand il est à la température zéro.

MESURES DE SOLIDITÉ.

Décastère . . . . Dix stères.
Stère. . . . . Mètre cube.
Décistère . . . . Dixième du stère.

POIDS.

.....   Mille kilogrammes, poids du mètre cube d'eau et du tonneau de mer.
.....   Cent kilogrammes, quintal métrique.
Kilogramme . . . . Mille grammes. Poids, dans le vide, d'un décimètre cube d'eau distillée à la température de quatre degrés centigrades (1).
Hectogramme. . . . . Cent grammes.
Décagramme . . . . Dix grammes.
Gramme . . . . Poids d'un centimètre cube d'eau à quatre degrés centigrades.
Décigramme . . . . Dixième du gramme.
Centigramme . . . . Centième du gramme.
Milligramme . . . . Millième du gramme.

MONNAIE.

Franc . . . . Cinq grammes d'argent au titre de neuf dixièmes de fin.
Décime . . . . Dixième du franc.
Centime. . . . . Centième du franc.

---

(1) L'étalon prototype de platine, déposé aux archives le 4 messidor an VIII, donne, dans le vide, le poids légal du kilogramme.

ORDONNANCE DU 16 JUIN 1839,

ET

TARIF DE LA VÉRIFICATION.

Art. Ier. A dater du premier janvier 1840, les poids, mesures et instruments de pesage et de mesurage ne seront reçus à la vérification première qu'autant qu'ils réuniront les conditions d'admission indiquées dans les tableaux annexés à la présente ordonnance.

II. Les poids, mesures et instruments de pesage portant la marque de vérification première, et qui réuniront d'ailleurs les conditions exigées jusqu'ici, seront admis à la vérification périodique, savoir : — les mesures décimales de longueur, après qu'on aura fait disparaître les divisions et les noms relatifs aux anciennes dénominations ; — les mesures décimales pour les matières sèches, quelle que soit l'espèce de bois dont elles seront construites ; — les mesures décimales en étain, quelque soit leur poids ; — les poids décimaux, en fer et en cuivre, quelle que soit leur forme, après qu'on aura fait disparaître l'indication relative aux anciennes dénominations, et pourvu qu'ils portent sur la surface supérieure, les noms qui leur sont propres ; les poids décimaux, en fer et en cuivre, portant uniquement leurs noms exprimés en myriagrammes, kilogrammes, hectogrammes ou décagrammes, — les poids décimaux à l'usage des balances-bascules, pourvu qu'ils ne portent pas d'autre indication que celle de leur valeur réelle ; — enfin, les romaines dont on aura fait disparaître les anciennes divisions et dénominations, pourvu qu'elles soient graduées en divisions décimales et reconnues oscillantes. Les poids et mesures décimaux placés dans une des catégories qui précèdent ne pourront être conservés par les assujetis qu'autant qu'ils auront subi, avant l'époque de la vérification périodique de l'année 1840, les modifications exigées. Ces poids et mesures pourront être rajustés, mais ils ne devront pas être remontés à neuf.

III. Tous les poids et mesures autres que ceux qui sont provisoirement permis par l'art. II de la présente ordonnance seront mis hors de service, à partir du premier janvier 1840.

IV. Il sera déposé, dans tous les bureaux de vérification, des modèles ou des dessins des poids et mesures légalement autorisés, pour être communiqués à tous ceux qui voudront en prendre connaissance.

MODÈLES.

N° 1.

MESURES DE LONGUEUR.

NOMS DES MESURES.	Tarif de la vérificat.	NOMS DES MESURES.	Tarif de la vérificat.
	centim.		centim.
Double décamètre.	25	Mètre.	10
Décamètre.	25	Demi-mètre.	10
Demi-décamètre.	25	Double décimètre.	5
Double mètre.	15	Décimètre.	5

Ces mesures devront être coi struites en métal , en bois ou autre matière solide. Elles pourront être établies dans la forme qui conviendra le mieux aux usages auxquels elles sont destinées. Indépendamment des mesures d'une seule pièce, il est permis de faire des mesures brisées , pourvu que le nombre de leurs parties soit deux , cinq ou dix. Les mesures devront être construites avec solidité. Des garnitures en métal devront être adaptées aux extrémités des mesures en bois, du mètre , de son double et de sa moitié. Les divisions en centimètres ou millimètres devront être exactes, déliées et d'équerre avec la longueur de la mesure. Le nom propre à chaque mesure sera gravé sur la face supérieure de la mesure, qui devra porter aussi le nom ou la marque du fabricant. Le décamètre, son double et sa moitié , construits en forme de chaîne, devront avoir des chaînons d'une force suffisante et de la longueur de deux ou de cinq décimètres; les anneaux , à chaque mètre, seront exécutés avec un métal d'une couleur différente de celui employé pour les autres anneaux.

N° 2.

MESURES DE CAPACITÉ POUR LES MATIÈRES SÈCHES.

NOMS DES MESURES.	Tarif de la vérificat.	NOMS DES MESURES.	Tarif de la vérificat,
Hectolitre	75	Litre.	5
Demi-hectolitre.	50	Demi-litre.	5
Double décalitre.	15	Double décilitre.	5
Décalitre.	10	Décilitre,	5
Demi-décalitre.	7	Demi-décilitre.	5
Double litre.	5		

Les mesures de capacité pour les matières sèches devront être construites dans la forme cylindrique , et auront intérieurement le diamètre égal à la hauteur. Les mesures en bois ne pourront être faites qu'en bois de chêne; elles devront être établies avec solidi é dans toutes leurs parties. Pour les mesures qui seront garnies intérieurement de potences ou autres corps saillants , la hauteur sera augmentée proportionnellement au volume de ces objets. Les mesures en bois devront être formées d'une éclisse ou feuille courbée sur elle-même et fixée par des clous.

Toutes les mesures en bois devront être garnies, à la partie supérieure, d'une bordure en tôle rabattue. Les mesures, depuis et compris le double décalitre jusqu'à l'hectolitre, devront, en outre, être ferrées ; on pourra, suivant l'usage auquel elles sont destinées, y adapter des pieds fixés avec boulons et écrous. Les mesures en bois de plus petite dimension pourront être garnies de bandes latérales en tôle. On pourra fabriquer des mesures, pour les matières sèches, en cuivre ou en tôle, pourvu qu'elles soient établies avec solidité et dans la forme ci-dessus prescrite. Chaque mesure doit porter le nom qui lui est propre ; le nom ou la marque du fabricant sera appliqué sur le fond de la mesure.

N° 3.

MESURES DE CAPACITÉ POUR LES LIQUIDES.

Les noms et la forme affectés aux mesures de capacité pour les matières sèches, dans le tableau n. 2, serviront de règle pour la construction des mêmes mesures employées pour les liquides, depuis l'hectolitre jusqu'au demi-décalitre inclusivement; elles pourront être établies en cuivre, tôle ou fonte, mais sous la réserve expresse de prévenir, par l'étamage ou un autre procédé analogue, toute altération ou oxydation de nature à présenter des dangers dans l'usage de ces sortes de mesures. Les mesures du double litre et au-dessous devront être construites exclusivement en étain, et auront intérieurement la hauteur double du diamètre ; elles auront le poids déterminé ci-après comme minimum obligatoire pour chacune des espèces de mesures.

NOMS DES MESURES.	POIDS ET MESURES (en grammes).			Tarif de la vérificat.
	sans anses ni couvercle.	avec anses sans couvercle.	avec anses et couvercle.	
	grammes.	grammes.	grammes.	centigr.
Double litre.	1,350	1,700	2,200	20
Litre.	900	1,100	1,350	15
Demi-litre.	525	650	829	10
Double décilitre.	280	335	420	10
Décilitre.	145	180	240	10
Demi-décilitre.	85	110	140	10
Double centilitre.	45	60	85	10
Centilitre.	25	35	50	10

Le titre de l'étain employé pour la fabrication des mesures reste fixé à quatre vingt-trois centièmes cinq millièmes, avec une tolérance d'un centième cinq millièmes ; ainsi le métal dont les mesures seront fabriquées ne doit pas contenir moins de quatre-vingt-deux centièmes d'étain pur, et plus de dix-huit centièmes d'alliage. Ces mesures devront conserver intérieurement et sur le bord supérieur la venne du moule ; elles devront être sans soufflures ni autres imperfections. Le nom propre à chaque mesure devra être inscrit sur le corps de la mesure. Le nom ou la marque du fabricant devra être apposé sur le fond. On pourra construire des mesures en ferblanc, depuis le double litre jusqu'au décilitre ; mais ces sortes de mesures, exclusivement réservées pour le lait, devront être établies dans la forme cylindrique, ayant le diamètre égal à la hauteur, conformément à ce qui est prescrit dans le tableau n. 2 pour les mesures destinées aux matières sèches ; elles seront garnies d'une anse ou d'un crochet également en ferblanc, et porteront le nom qui leur est propre sur le cercle supérieur, rabattu et servant de bordure. On aura soin de placer, pour recevoir les marques de vérification, deux gouttes d'étain aplaties, l'une au bord supérieur, l'autre à la jonction du fond de chaque mesure, qui devra porter aussi le nom ou la marque du fabricant.

ORDONNANCE

N° 4.

POIDS EN FER.

Les poids devront être construits en fonte de fer ou en cuivre ; leurs noms sont indiqués ci-après, ainsi que la dénomination abréviative qui devra être inscrite sur chacun d'eux en caractères lisibles, et le tarif de leur vérification.

NOMS suivant l'ordonnance.	VALEUR en gramme.	MARQUE des poids en fer.	TARIF de la vérific.	MARQUE des poids en cuivre.	TARIF de la vérific.
			cent.		cent.
50 kilogrammes. .	50,000. . . .	50 kilog.	50	Ce poids n'existe pas en cuivre.	»
20 kilogrammes. . .	20,000. . . .	20 kilog.	25	20 kilogrammes.	37 5
10 kilogrammes. . .	10,000. . . .	10 kilog.	25	10 kilogrammes.	37 5
5 kilogrammes. . .	5,000. . . .	5 kilog.	25	5 kilogrammes.	37 5
Double kilogramme.	2,000. . . .	2 kilog.	10	2 kilogrammes.	15
Kilogramme.	1,000. . . .	1 kilog.	10	1 kilogramme.	15
Demi-kilogramme . .	500. . . .	1/2 kilog.	10	500 grammes.	15
Double hectogramme	200. . . .	5 hectog.	5	200 grammes.	7 5
Hectogramme	100. . . .	2 hectog.	5	100 grammes.	7 5
Demi-hectogramme .	50. . . .	1 hectog.	5	50 grammes.	7 5
		1/2 hectog.			
Double décagramme.	20. . . .			20 grammes.	7 5
Décagramme	10 . . .			10 grammes.	7 5
Demi-décagramme .	5 . . .			5 grammes.	7 3
Double gramme. . .	2 . . .			2 grammes.	7 5
Gramme.	1. . . .	Ces poids n'existent pas en fer.		1 gramme.	7 5
Demi-gramme. . . .	0. 5 . .			5 décig.	7 5
Double décigramme .	0. 2 . .			2 décig.	
Décigramme.	0. 1 . .			1 décig.	
Demi-décigramme.	0. 05. .			5 centig.	
Double centigramme	0. 02. .			2 c. g.	
Centigramme . . .	0. 01. .			1 c. g.	
Demi-centigramme	0. 005.			5 m. g.	
Double milligramme	0. 002.			2 m. g.	
Milligramme.	0. 001.			1 m. g.	

Les poids en fer de cinquante et de vingt kilogrammes devront être établis en forme de pyramide tronquée, arrondie sur les angles, et ayant pour base un parallélogramme. Les autres poids en fer, depuis celui de dix kilogrammes jusqu'au demi-hectogramme inclusivement, devront être établis en forme de pyramide tronquée ayant pour base un hexagone régulier. Les anneaux dont les poids sont garnis devront être placés de manière à ne pas dépasser l'arête des poids. Chaque anneau devra être en fer forgé rond et soudé à chaud. Chaque anneau, attaché par un lacet, devra entrer sans difficulté dans la rainure pratiquée sur le poids pour le recevoir. Chaque lacet devra être en fer forgé et construit solidement, tant au sommet qui embrasse l'anneau qu'aux extrémités de ses branches, lesquelles doivent être rabattues et enroulées par dessous, pour retenir le plomb nécessaire à l'ajustage. Les poids en fer ne doivent présenter à leur surface ni bavures, ni soufflures, et la fonte ne doit être ni aigre ni cassante. Chaque poids doit être garni, aux extrémités du lacet, d'une quantité suffisante de plomb coulé d'un seul jet, destiné à recevoir les empreintes des poinçons de vérification première et périodique, ainsi que la marque du fabricant, qui doit y être apposée.

<h2 style="text-align:center">N° 5.</h2>

<h3 style="text-align:center">POIDS EN CUIVRE.</h3>

Les poids en cuivre sont indiqués ci-dessus, ainsi que la dénomination qui devra être inscrite sur chacun d'eux. La forme des poids en cuivre, depuis et compris celui de vingt kilogrammes jusqu'au gramme, sera celle d'un cylindre surmonté d'un bouton. La hauteur du cylindre sera égale à son diamètre pour tous les poids, jusqu'à celui de cinq grammes inclusivement ; la hauteur de chaque bouton sera égale à la moitié du diamètre du cylindre qui le supporte. Ces dispositions ne seront pas applicables aux poids d'un et de deux grammes, qui auront le diamètre plus fort que la hauteur. Les poids, depuis et compris les cinq décigrammes jusqu'au milligramme, se feront avec des lames de laiton mince, coupées carrément. Les poids en cuivre cylindriques et à bouton pourront être massifs ou contenir dans leur intérieur une certaine quantité de plomb ; mais ils devront toujours présenter le même volume. Ces poids peuvent être faits d'un seul jet ou formés de deux pièces seulement, savoir : le cylindre et le bouton ; mais, dans ce dernier cas, le bouton devra être monté à vis sur le corps du poids et fixé invariablement par une cheville ou petite vis à fleur de la surface. Cette cheville sera en cuivre rouge, afin de la distinguer facilement. On pourra ainsi construire des poids en cuivre d'un kilogramme ou d'un de ses sous-multiples dans la forme des godets coniques qui s'empilent les uns dans les autres, et se trouvent ainsi renfermés dans une boîte qui est elle-même un poids légal. La surface des poids en cuivre devra être nette et ne laisser apercevoir aucun corps étranger qu'on aurait chassé dans le cuivre, ni aucune soufflure qui permettrait d'en introduire. Les dénominations seront inscrites en creux et en caractères lisibles sur la surface supérieure des poids. Chaque poids devra porter le nom ou la marque du fabricant.

<h2 style="text-align:center">N° 6.</h2>

<h3 style="text-align:center">INSTRUMENTS DE PESAGE.</h3>

Les instruments de pesage sont : 1° les balances à bras égaux ; 2° les balances bascules ; 3° les romaines. Les balances à bras égaux, désignées sous le nom de balances de magasins ou de comptoir, devront être solidement établies. Les fléaux devront être plus larges qu'épais, principalement au centre, occupé par les couteaux ou pivots qui les traversent perpendiculairement, et dont les arrêtes devront former une ligne droite. Les points extrêmes de suspension devront être placés à égale distance de ces couteaux. Les fléaux ne devront pas vaciller dans les chapes. Les balances devront être oscillantes. Leur sensibilité demeure fixée à un deux millième du poids d'une portée. Les balances bascules devront être oscillantes et établies de manière à donner, quel que soit le poids dont on charge le tablier, un rapport exact de un à dix. Ces instruments, dont la portée ne peut être moindre que cent kilogrammes, devront être solidement construits. Il ne pourra être employé à leur usage que des poids fabriqués suivant les formes et dénominations prescrites dans le tableau n. 4. L'indication de la force de chaque balance-bascule sera exprimée en kilogrammes, sur une plaque de cuivre incrustée dans le montant en bois. La sensibilité

pour ces sortes d'instruments demeure fixée à un millième du poids d'une portée. Les romaines devront être solidement construites. Les couteaux auxquels elles sont suspendues devront avoir une arrête assez fine pour faciliter
les mouvements du fléau ; les leviers devront être assez forts pour ne pas fléchir sous le poids curseur qui les accom-
pagne. L'aiguille dont chaque levier est traversé par le haut ne devra pas frotter dans la chape. Les romaines devront être oscillantes. Toute autre espèce est prohibée. La sensibilité pour ces instruments demeure fixée à un
cinq centième du poids d'une portée. Les romaines porteront seulement les divisions décimales représentant les
poids légaux. Toute autre division est interdite. Leur portée sera exprimée en kilogrammes sur chacune des faces
divisées. Tout instrument de pesage devra porter le nom ou la marque du fabricant.

N° 7.

INSTRUMENTS DE MESURAGE POUR LES BOIS DE CHAUFFAGE.

Les membrures qui représentent des mesures de solidité, du demi-décastère, du double stère, du stère, et destinées à mesurer le bois de chauffage, seront construites en bon bois ; les pièces qui les composent devront être
bien dressées et assemblées solidement. Chaque membrure sera fermée d'une sole, de deux montants et de deux
contrefiches ; elle doit avoir de plus deux sous-traits. La longueur de la sole entre les montants est fixée ainsi
qu'il suit, savoir : demi-décastère, 3 mètres ; double stère, 2 mètres ; stère, 1 mètre. Pour les bois coupés à un
mètre de longueur, la hauteur de montants sera : demi-décastère, 1 mètre 667 millimètres ; double stère et stère,
1 mètre. Cette hauteur variera suivant la longueur des bois, de manière à toujours reproduire un solide de un,
deux ou cinq mètres cubes. On pourra construire aussi des membrures en fer du double stère et du stère, pourvu
qu'elles réunissent les conditions de justesse et de solidité nécessaires, et qu'elles soient garnies de rondelles ad-
hérentes, en étain ou en plomb, pour faciliter l'application des marques de vérification.

NOMENCLATURE

DES DÉLITS ET CONTRAVENTIONS EN MATIÈRE DE POIDS ET MESURES.

I. *Usage de faux poids et mesures.*

Les anciennes mesures sont réputées fausses et illégales : les balances sont assimilées aux poids, qui seraient vainement exacts , si elles étaient fausses.

Les peines applicables à cette infraction sont les articles 423 et 424 du code pénal.

II. *Possession des mêmes instruments dans les magasins , boutiques, ateliers , maisons de commerce , halles , foires et marchés.*

D'après la jurisprudence de la Cour de Cassation, les poids et mesures réputés faux , doivent être confisqués, quand même ils ne seraient pas trouvés dans une boutique ou magasin ; les articles 479, n° 5, 480, n° 3, 481 , 482 et 483 du Code pénal, sont applicables à cette infraction.

III. *Emploi de mesures ou de poids différents de ceux établis par les lois en vigueur.*

Les instruments non revêtus des marques de leur légalité sont de ce nombre , et sans acceptions de personnes ou de lieux : l'article 5 de l'ordonnance royale du 21 décembre 1822 n'admet point d'exception. L'article 479 du Code pénal est applicable à cette contravention.

IV. *Infractions aux règlements de l'autorité administrative sur la matière.*

Les infractions qui ne sont pas nommément prévues par le Code , ou par des lois spéciales et décrets ayant force de loi, telles que les dispositions générales et locales pour assurer la fidélité du débit des denrées et des marchandises , sont punissables en vertu de l'article 471. n° 15 du Code pénal.

DISPOSITIONS PÉNALES.

Art. 423. Quiconque aura trompé l'acheteur sur le titre des matières d'or et d'argent , sur la qualité d'une pierre fausse vendue pour fine, sur la nature de toutes marchandises ; quiconque, par usage de faux poids ou de fausses mesures, aura trompé sur la qualité des choses vendues , sera puni de l'emprisonnement pendant trois mois au moins , un an au plus , et d'une amende qui ne pourra excéder le quart des restitutions et dommages-intérêts, ni être au-dessous de 50 fr.

Les objets du délit, ou leur valeur , s'ils appartiennent encore au vendeur , seront confisqués ; les faux poids et les fausses mesures seront aussi confisqués, et de plus seront brisés.

Art. 424. Si le vendeur et l'acheteur se sont servis , dans leurs marchés , d'autres poids ou d'autres mesures que ceux qui sont établis par les lois de l'État, l'acheteur sera privé de toute action contre le vendeur qui l'aura trompé par l'usage de poids et de mesures prohibés ; sans préjudice de l'action publique pour la puniton tant de cette fraude que de l'emploi même des poids et des mesures prohibés.

La peine, en cas de fraude, sera celle portée par l'article précédent.

La peine, pour l'emploi des mesures et poids prohibés , sera déterminée par le titre iv du présent Code, contenant les peines de simple police (art. 479,481).

ART. 463. Dans tous les cas où la peine d'emprisonnement est portée par le présent Code , si le préjudice causé n'excède pas 25 fr. , et si les circonstances paraissent atténuantes, les tribunaux sont autorisés à réduire l'emprisonnement même au-dessous de six jours, et l'amende même au-dessous de 16 fr. Ils pourront aussi prononcer séparément l'une ou l'autre de ces peines, sans qu'en aucun cas elle puisse être au-dessous des peines de simple police.

ART. 479. Seront punis d'une amende de 11 à 15 fr. inclusivement :

1° Ceux qui auront de faux poids ou de fausses mesures dans leurs magasins, boutiques, ateliers ou maisons de commerce , ou dans les halles , foires ou marchés , sans préjudice des peines qui seront prononcées par les tribunaux de police correctionnelle contre ceux qui auraient fait usage de ces faux poids ou de ces fausses mesures (voir l'art. 423) ;

2° Ceux qui emploieront des poids ou des mesures différents de ceux qui sont établis par les lois en vigueur.

ART. 480. Pourra, selon les circonstances, être prononcé la peine d'emprisonnement pendant cinq jours au plus :

1° Contre les possesseurs de faux poids et de fausses mesures ;

2° Contre ceux qui emploieront des poids ou des mesures différents de ceux que la loi en vigueur a établis.

ART. 481. Seront, de plus saisis et confisqués , les faux poids , les fausses mesures , ainsi que les poids et les mesures différents de ceux que la loi a établis.

ART. 482. La peine d'emprisonnement pendant cinq jours aura toujours lieu , pour récidive , contre les personnes et dans les cas mentionnés en l'article 479.

Mais il ne suffit pas que la loi ordonne exclusivement l'usage du *système métrique décimal*, et qu'elle condamne quiconque persévérera dans une routine dont chacun comprend assez l'abus ; il faut aussi que la claire connaissance des rapports qui existent entre les anciennes et les nouvelles mesures soit généralement répandue, et que chacun puisse substituer aux anciennes mesures de *longueur*, de *surface*, de *volume*, de *capacité*, de *poids* et de *valeur* les nouvelles mesures métriques correspondantes. Pour accélérer cette utile réforme et épargner au commerce et à l'industrie les difficultés et les longueurs de calculs dans la comparaison des nouveaux poids et mesures , et des anciens avec les nouveaux, nous avons dressé *ces Tables* qui donneront immédiatement, et avec l'approximation la plus grande , les rapports des mesures linéaires , de superficie , de solidité , de capacité et de pesanteur. Puissent nos efforts et notre travail éclairer les producteurs et les consommateurs sur leurs véritables intérêts , et les aider à obtempérer au vœu de la loi et du gouvernement sur l'organisation du *système métrique décimal* dont l'usage , nous l'espérons , sera un jour, non-seulement européen, mais universel.

Provisoirement , et jusqu'à ce que notre génération , qui doit être l'époque de transition , ait oublié la diversité des anciennes mesures comme terme de ses évaluations , ces Tables , qui démontreront , mieux encore que la pratique, l'absurdité d'un système qui n'en était pas un , deviennent indispensables.

SYSTÈME MÉTRIQUE DÉCIMAL.

Le type général du système légal (1) des poids et mesures est le Mètre (2). En sa qualité de générateur de toutes les autres mesures, il a fait nommer le système complet, *système métrique :* ses multiples et sous-multiples étant toujours l'unité principale de dix en dix fois plus forte, ou de dix en dix fois plus faible, on lui a ajouté la qualification de *décimal.*

Le *système métrique décimal* n'emploie, dans toute sa nomenclature, que treize noms différents.

Six peuvent être regardés comme noms propres ou de famille : ce sont les six unités principales, les mots simples, les noms naturels de chaque mesure.

Sept autres peuvent être regardés comme des prénoms. Joints à leur nom propre, les quatre premiers servent à l'augmenter conformément à la valeur de ces quatre dénominations de dix fois, cent fois, mille fois et dix mille fois plus ; les trois derniers le diminuent à raison de dix fois, cent fois et mille fois moins.

(1) *Légal,* parce qu'il est le seul reconnu par la loi, et par conséquent obligatoire pour tous les Français.

(2) Pour imprimer au système métrique une durée qui fût à l'abri de ces révolutions qui ont bouleversé le monde, on résolut de donner aux nouvelles mesures une base commune, et de prendre cette base dans la nature même. En conséquence, Delambre et Méchain mesurèrent l'arc du méridien de Paris compris entre Dunkerque et Barcelone, et ils conclurent de leurs observations la longueur du quart du méridien. Cette longueur a été divisée en dix millions de parties égales, et l'on a fait construire une règle de platine dont la longueur, à la température de la glace fondante, fut précisément égale à celle de l'une de ces parties. Telle est la longueur qu'on a prise pour unité linéaire, et que l'on a appelée *Mètre. Le Mètre est donc la dix millionième partie du quart du méridien,* et conséquemment invariable.

Les six Unités principales ou génériques sont :

MÈTRE , unité de longueur.
ARE   —   superficie.
STÈRE   ....   volume.
LITRE   —   capacité.
GRAMME —   pesanteur.
FRANC   —   monnaie.

Les sept Prénoms ou Noms numériques sont :

MYRIA	signifie dix	mille	ou	10,000.
KILO	—	mille	ou	1,000.
HECTO	—	cent	ou	100.
DÉCA	—	dix	ou	10.

(multiples)

DÉCI. . . .	dixième	de ou		0,1.
CENTI. . .	centième	de ou		0,01.
MILLI . . .	millième	de ou		0,001.

(sous-multip.)

N. B. Les prénoms qui servent à exprimer les quantités de dix en dix fois plus grandes que l'unité générique sont terminés par un *a* ou *o*, déca, hecto, kilo, myria, et tirés du grec ; ceux qui expriment des quantités dix en dix fois plus petites sont tous terminés par un *i*, déci, centi, milli, et tirés du latin.

Ainsi, veut-on désigner une longueur 1000 fois plus grande que le mètre ? On dira : *Kilo-mètre* — une surface 100 fois plus grande que l'are. On dira : *Hect-are* (pour *hecto-are*)—un volume 1000 fois plus gros que le mètre cube. On dira : *Déca-mètre cube* — (les multiples du mètre cube sont de dix en dix fois plus grands, ses sous-multiples n'ont pas reçu de dénominations particulières ; il n'y en a que le 1000me du mètre cube , que l'on a appelé *décimètre cube*, parce qu'en effet c'est un cube qui a un *décimètre* de côté ; le $1,000,000^{me}$ du mètre cube s'appelle *centimètre cube*, parce que c'est un cube qui a un *centimètre* de côté).

On concevra sans peine tout ce qu'a d'avantageux cette division décimale, puisqu'elle ramène immédiatement, ou du moins à l'aide de transformations extrêmement faciles, les opérations sur les nombres fractionnaires, à de simples opérations sur des nombres entiers.

Supposons qu'ayant mesuré une longueur, à l'aide du mètre, vous l'ayez trouvée égale à 26 mètres, plus 4 décimètres, 3 centimètres et 5 millimètres, vous pourrez écrire ce nombre $26^m,435$ en regardant les unités des trois derniers chiffres décroissantes de 10 en 10 de gauche à droite.

Au lieu d'énoncer ce nombre partiellement en le décomposant : 26 *mètres*, 4 *décimètres*, 3 *centimètres*, 5 *millimètres*, sachant que 4 *dixièmes* valent 40 *centièmes* ou 400 *millièmes*, de même que 3 *centièmes* valent 30 *millièmes*, nous pourrons énoncer notre nombre plus simplement en disant 26 mètres 435 millièmes.

26,435 est donc la même chose que $26\frac{435}{1000}$. La virgule décimale n'est employée que pour séparer les nombres entiers des nombres fractionnaires, dont le dénominateur doit toujours être sous-entendu. Lorsqu'il n'y a point de nombre entier, on met un zéro à leur place : ainsi 0,435 équivaut à $\frac{435}{1000}$. Les dixièmes, les centièmes, peuvent être également représentés par des zéros, lorsque leur produit est nul : ainsi 0,005 est égal à $\frac{5}{1000}$.

Il résulte de là :

1° *Que quelque nombre de zéros que l'on mette à la suite du chiffre décimal, on ne change point la valeur de la fraction*, parce que le dénominateur sous-entendu est censé recevoir le même nombre de zéros : ainsi $\frac{1}{10}, \frac{10}{100}, \frac{100}{1000}$, etc., sont une même chose ; ainsi 36 mètres 435 millimètres peuvent s'exprimer, comme nous l'avons déjà dit, par 26 mètres 4 décimètres 3 centimètres 5 millimètres, ou par 26 mètres 435 millimètres ;

2° *Si, dans une fraction décimale, on avance la virgule d'un ou de plusieurs rangs vers la droite*, on multiplie le nombre par 10, 100, 1000, etc. ; et qu'au contraire, *en la reculant d'un ou de plusieurs rangs vers la gauche*, on le divise par 10, 100, 1000...

Ainsi, le nombre 1,9490366, qui exprime le rapport[1] d'*une* toise à celui d'*un* mètre, exprimera immédiatement le rapport de 10, 100, 1000, 10000, ect., mètres, en avançant d'autant de rangs, qu'il aura de zéros dans le nombre à comparer, la virgule vers la droite.

______

[1] On nomme rapport le résultat de la comparaison.

Le rapport de 10 toises au mètre sera donc. 19,490366
(19 mètres 4 décimètres 9 centimètres).

Celui de 10,000 toises. 19490,366

Quoi de plus simple et de plus précis que cette division décimale ! nos tables doivent en démontrer toute la richesse.

Dans l'ancien système, quand on visait à une grande précision, on avait des fractions qu'on exprimait en 1/2 en 1/3, etc., et que l'on rapportait à la dernière des divisions de l'unité qui avaient des noms particuliers.

Ainsi, dans les comptes, on avait quelquefois des résultats semblables à celui-ci : 23 liv. 5 s. 3 d. 2/3, et pas de manière plus claire de les écrire.

Dans l'ancien système des poids et mesures, il n'y avait que confusion dans la nomenclature, complication dans les calculs, irrégularité dans les divisions, disparité dans les rapports, non-seulement d'une province à une autre, mais souvent dans une même ville, dans un même bourg ou village.

Le nouveau système est uniforme et simple, fixe, invariable et susceptible d'être adopté dans tous les pays, puisqu'il n'appartient à aucun climat, à aucune nation en particulier.

Pour faire mieux apprécier cette différence du nouveau et de l'ancien système, nous allons entrer dans le détail de comparaisons.

CHAPITRE PREMIER.

MESURES DE LONGUEUR [1].

MESURES ITINÉRAIRES. — MESURES LINÉAIRES.

NOMENCLATURE DU SYSTÈME LÉGAL.

				Valeurs anciennes approximatives.
MYRIAMÈTRE .	. $= 10,000^{m}$ ou	1,000 décamètres, 100 hectomètres, 10 kilomètres.		2 lieues moyennes ou 5131 toises.
KILOMÈTRE .	. $=$ 1,000 ou	100 décamètres, 10 hectomètres.		C'est un petit quart de lieue.
HECTOMÈTRE.	. $=$ 100 ou	10 décamètres.		50 toises.
Double décamètre.	$=$ 50 ou	5 décamètres.		
DÉCAMÈTRE .	. $=$ 10	. . . .		(*Perche*) de 30 pi. 9 po. 5 l.
Demi-décamètre .	$=$ 5			
Double mètre .	. $=$ 2	il remplace la toise. .		1 toise, 2 pouces.
MÈTRE (2). .	. $=$ 1	Base radicale de tout le système.		3 pieds, 1 pouce.

(1) On nomme ainsi les mesures employées à déterminer l'étendue sur une seule ligne. On les divise en mesures *itinéraires* pour les distances d'un lieu à un autre, en mesures *linéaires* pour les étoffes, les bois, les bâtiments, etc. Mesurer une ligne, c'est la comparer avec une autre ligne prise pour *unité* ou terme de comparaison.

(2) Le mètre, avons-nous dit, est contenu dix millions de fois dans la distance du pôle à l'équateur ; sa hauteur est celle d'une canne que l'on peut avoir à la main ; un mètre et demi vaut à peu près deux pas ordinaires. — Le mètre simple ou brisé, divisé en 10 déci-

				Valeurs anciennes approximatives.
Mètre. . . .	1^m			
Demi-mètre. . .	0,5			
Double décimètre.	0,2			
Décimètre. . .	0,1	ou	10 centimètres. / 100 millimètres.	(*Palme*) 3 pouces.
Centimètre. .	0,01	ou	10 millimètres.	(*Doigt*) un peu plus du 1/3 du pouce.
Millimètre . .	0,001	. . . .		(*Trait*) à peu près 1/2 lig.

mètres et chacun de ceux-ci en 10 centimètres et le demi-mètre servent à l'usage des marchands, des charpentiers, menuisiers, etc., il remplace l'aune, le pied, etc.

Le double mètre, simple ou brisé, sert aux ingénieurs et aux arpenteurs.

Le double décamètre, le décamètre et le demi-décamètre, sorte de chaînes formées par des chaînons d'un, de deux ou de cinq décimètres de longueur à l'usage des arpenteurs.

Le décimètre simple ou double, mesure de poche, à l'usage des ouvriers, remplace le pied de roi pour mesurer les petites quantités.

Les *roulettes* sont des mesures à ruban. Le ruban est couvert d'un vernis particulier et porte des divisions en centimètres sur toute sa longueur, qui est de 5 mètres, de 10 mètres, de 15 mètres, de 20 mètres, à volonté. Ce ruban s'enroule sur un axe portant manivelle, à l'intérieur d'un étui rond qui est de cuir, de carton ou de bois; les meilleurs sont ceux en cuir. Ce genre de mesure est très-commode et assez exact, il peut servir aux arpenteurs, aux architectes et aux ingénieurs. (Saigey.)

Moyen de vérifier ou de retrouver le Mètre.

Lorsqu'on voudra dans la suite vérifier l'*étalon* du mètre, ou même le retrouver, si jamais il venait à se perdre, on n'aura plus besoin pour cela de recommencer les opérations relatives à la mesure du quart du méridien, on y parviendra au moyen d'une expérience simple et facile faite sur le PENDULE (*les physiciens appellent* PENDULE *un corps suspendu de manière à pouvoir se balancer en allant et en venant, comme on le voit dans les horloges qui portent elles-mêmes le nom de* PENDULE. *On sait que le* PENDULE *se balance avec plus ou moins de vitesse, suivant que sa verge est plus courte ou plus longue*), à peu près à la moitié de la distance entre le pôle et l'équateur. Il suffira de chercher quelle longueur doit avoir ce pendule, pour faire dans l'espace d'un jour un nombre de balancements ou d'oscillations qui sera connu d'avance, et cette longueur donnera celle du MÈTRE.

NOMENCLATURE DU SYSTÈME ANCIEN.

MESURES GÉNÉRALES DE LONGUEUR OU LINÉAIRES.

I° MESURES ITINÉRAIRES.

Lieue de poste de. . . . . 2000 toises.
Lieue commune de 25 au degré. . . . . 2280 t. I/3.
Lieue moyenne de. . . . . 2565 t. 37 c.
Lieue marine de 20 au degré. . . . . . 285o t. 4I c.

La lieue se subdivisait en demie, en quart, en demi-quart ou huitième de lieue.

2° MESURES LINÉAIRES (*proprement dites*).

La toise était l'unité principale ;
elle se divisait en.   6 pieds qui valent 72 pouces *ou* 864 lignes ou 10368 points.
le pied (¹) en.   . 12 pouces $=$ $\frac{1}{6}$ de la toise *ou* 144 lignes ou 1728 points.
le pouce en.   . 12 lignes $=$ $\frac{1}{12}$ du pied *ou* 144 points.
la ligne en.   . 12 points $=$ $\frac{1}{12}$ du pouce.

Pour le mesurage des étoffes, l'unité était l'aune ;
elle se divisait en.   .   .   .   3 pieds 7 pouces 10 lignes 5/6,
puis se subdivisait en demie, tiers, quart, huitième, etc., mais en 32 parties au plus ; tandis que le mètre, qui est plus court que l'aune de 6 pouces 11 lignes 537 millièmes, est divisé en 100 et même en 1000 parties.

CONVERSION DES ANCIENNES ET DES NOUVELLES MESURES.

MESURES LINÉAIRES (*proprement dites*).

(Cirrode). Delambre et Mechain ont déduit de leur mesure de l'arc du méridien de Paris, compris entre Dunkerque et Barcelone, que I/4 de ce

(¹) Le pied de roi est la sixième partie de la stature de Charlemagne, conservée religieusement à l'hôtel-de-ville de Paris.

méridien valait 5130740 toises ; et, comme le mètre est la dix millionième partie (^{1}) de cette distance, on voit que

$$1^m = 0^t, 5130740$$

et que 5130740^t valent 10000000^m ; de sorte que

$$1^t = \frac{1000000^t}{5130740} = 1^m, 94903659.$$

On déduira facilement de là les rapports du pied, du pouce et de la ligne au mètre : puisque le pied est $\frac{1}{6}$ de la toise ; le pouce, $\frac{1}{12}$ du pied ; et la ligne, $\frac{1}{12}$ du pouce ; et l'on trouvera :

$$1^{pi} = \frac{1\,m.\ 94903659}{6} = 0^m\ 3248394.$$

$$1^{po} = \frac{0\,m.\ 3248394}{12} = 0^m\ 0270699.$$

$$1^l = \frac{0\,m.\ 0270699}{12} = 0^m\ 0002258.$$

Si maintenant on observe qu'un mètre vaut six fois plus de pieds que de toises, douze fois plus de pouces que de pieds, et douze fois plus de lignes que de pouces, on verra que

$$1^m = 0^t, 513074 \times 6 = 3^{pi}, 078444.$$

$$1^m = 3^{pi}, 078444 \times 12 = 36^{po}, 941328.$$

$$1^m = 36^{po}, 941328 \times 12 = 443^l, 295936.$$

La valeur du mètre en pieds, en pouces, en lignes, étant connue, on obtiendra celle du décimètre, du centimètre et du millimètre, en la divisant par 10, par 100 ou par 1000, cu plus simplement en reculant la virgule d'un, de deux ou de trois rangs vers la gauche. On en déduira au contraire la valeur du décamètre, de l'hectomètre, du kilomètre et du myriamètre, en la multipliant par 10, par 100, par 1,000 ou par 10,000.

(1) Décision d'une commission académique formée de Borda, Lagrange, Laplace, Monge et Condorcet, formulée définitivement par la loi du 19 frimaire an 8 (10 décembre 1799).

Cette loi ordonne qu'il sera frappé une médaille pour en transmettre l'époque, avec cette inscription :

A TOUS LES TEMPS, A TOUS LES PEUPLES.

LA MISE A EXÉCUTION du nouveau système date *du Ier vendémiaire an 10* (23 septembre 1801). — Arrêté du gouvernement du 13 brumaire an 9.

Pour trouver ce que l'AUNE vaut en mètres, sachant que l'aune vaut 3 pi. 7 po. 10 l. 5/6, on multipliera le rapport de la toise au mètre (1^m, 9490366) par la valeur de l'aune, 3 pi. 7 p. 10 l. 5/6, et le produit sera 1^m, 1884459;

Puisque 1^m 1884459 $=$ 1 aune;

$$1 \text{ mètre en aune égalera } \frac{1}{1, 1884459}, \text{ ou } 0^m, 8414350.$$

MESURES ITINÉRAIRES.

1 lieue de poste $=$ 2000ᵗ, ou $3898^m 073$ ($1^m 9490365 \times 2000$).

1 kilomètre $=$ 1000 mètres.

Donc 1 lieue de poste $=$ en kilomètres $\frac{3898\,m.\,073}{1000} = 3,898073$, et dix fois moins en myriamètres.

1 kilomètre ou 1000 mètres $=$ 513ᵗ 074.

1 lieue de poste $=$ 2000ᵗ.

donc 1 kilomètre $=$ en lieue de poste $\frac{513\,t.\,074}{2000}$ 0,2565370,

1 myriamètre vaudra 10 fois plus, c'-à-dire 2,5653700.

Les autres rapports des mesures itinéraires se déduisent semblablement à cet exemple.

RAPPORTS GÉNÉRAUX

Des anciennes Mesures de Longueur aux nouvelles.		*Des nouvelles Mesures de Longueur aux anciennes.*	
1 lieue de poste (2000 t.) en myriamètre	0,3898073	1 myriamètre en lieue de poste	2,5653700
1 lieue commune (2280 t. 2 p.) id	0,4444444	id. en lieue commune	2,2500000
1 lieue moyenne (2565 t. 37 c.) id	0,5000000	id. en lieue moyenne	2,0000000
1 lieue marine (2850 t. 2 p. 1/2) id	0,5555556	id. en lieue marine	1,8000000
1 lieue de poste en kilomètres	3,898073	1 kilomètre en lieue de poste	0,2555370
1 lieue commune id.	4,4444444	id. en lieue commune	0,2250000
1 lieue moyenne id.	5,0000000	id. en lieue moyenne	0,2000000
1 lieue marine id.	5,5555556	id. en lieue marine	0,1800000
1 toise (6 pieds) vaut en mètres	1,9490363	1 mètre en toise	0,5130740
1 pied (12 pouces) id.	0,3248393	id. en pieds	3,0784444
1 pouce (12 lignes) id.	0,0270699	id. en pouces	36,9413333
1 ligne (12 points) id.	0,0022558	id. en lignes	443,295936
1 pied vaut en décimètres	3,2483938	1 décimètre en pied	0,3078444
1 pouce en centimètres	2,7069953	1 centimètre en pouce	0,3694133
1 ligne en millimètres	2,2558290	1 millimètre en ligne	0,4432959
1 aune de Paris (3 p. 7 p. 10 l. 5/6) en mèt.	1,1884459	1 mètre en aune de Paris	0,8414350
1 aune de 12 décimètres en mètres	1,2000000	1 id. en aune de 12 décimètres	0,8333333

Le rapport simple étant connu, on obtiendra celui d'un nombre quelconque, en multipliant ce rapport connu par le nombre donné ; pour faciliter cette opération, nous avons dressé les tables qui suivent. Elles donnent les neuf premiers multiples de chacun de ces rapports que nous venons de calculer ; et comme on ne change point la valeur d'un rapport en multipliant les deux termes par 10, 100, 1000, etc., par le moyen de ces tables on n'aura que de simples additions à faire pour effectuer la conversion d'un nombre quelconque de mesures anciennes en nouvelles et réciproquement.

MESURES GÉNÉRALES DE LONGUEUR.

MESURES DE LONGUEUR (itinéraires).

NOMBRES à comparer.	LIEUES DE POSTE (2 000 toises) en myriamètres.	MYRIAMÈTRES (10,000ᵐ 5130ᵗ 74) en lieues de poste.
1, 0 0 0 0 0	0, 3 8 9 8 0 7 3	» 2, 5 6 5 3 7 0
2, 0 0 0 0 0	0, 7 7 9 6 1 4 6	» 5, 1 3 0 7 4 0
3, 0 0 0 0 0	1, 1 6 9 4 2 2 0	» 7, 6 9 6 1 1 0
4, 0 0 0 0 0	1, 5 5 9 2 2 9 3	10, 2 6 1 4 8 0
5, 0 0 0 0 0	1, 9 4 9 0 3 6 6	12, 8 2 6 8 5 0
6, 0 0 0 0 0	2, 3 3 8 8 4 3 9	15, 3 9 2 2 2 0
7, 0 0 0 0 0	2, 7 2 8 6 5 1 2	17, 9 5 7 5 9 0
8, 0 0 0 0 0	3, 1 1 8 4 5 8 5	20, 5 2 2 9 6 0
9, 0 0 0 0 0	3, 5 0 8 2 6 5 9	23, 0 8 8 3 3 0

1 myriamètre = 2ᴸ,565 millièmes, c'est-à-dire à un peu plus de 2 lieues 1/2 de poste. 10 lieues de poste = 5 myr. 8980. La première décimale exprime des *kilomètres*, la deuxième des *hectomètres*, la troisième des *décamètres*, la quatrième des *mètres*, etc.

NOMBRES à comparer.	LIEUES COMMUNES (2280 toises 1/3) en myriamètres.	MYRIAMÈTRES (10,000ᵐ 5130ᵗ 74) en lieues communes.
1, 0 0 0 0 0	0, 4 4 4 4 4 4 4	» 2, 2 5 0 0 0 0
2, 0 0 0 0 0	0, 8 8 8 8 8 8 9	» 4, 5 0 0 0 0 0
3, 0 0 0 0 0	1, 3 3 3 3 3 3 3	» 6, 7 5 0 0 0 0
4, 0 0 0 0 0	1, 7 7 7 7 7 7 8	» 9, 0 0 0 0 0 0
5, 0 0 0 0 0	2, 2 2 2 2 2 2 2	11, 2 5 0 0 0 0
6, 0 0 0 0 0	2, 6 6 6 6 6 6 7	13, 5 0 0 0 0 0
7, 0 0 0 0 0	3, 1 1 1 1 1 1 1	15, 7 5 0 0 0 0
8, 0 0 0 0 0	3, 5 5 5 5 5 5 6	18, 0 0 0 0 0 0
9, 0 0 0 0 0	4, 0 0 0 0 0 0 0	20, 2 5 0 0 0 0

9 lieues de 25 *au degré* font exactement 4 myriamètres. Pour convertir sans tables, il faut en prendre le tiers, et y ajouter le tiers de ce tiers.

MESURES DE LONGUEUR (itinéraires).

NOMBRES à comparer.						LIEUES MOYENNES (2565¹, 370) en myriamètres.								MYRIAMÈTRES (10,000 mètres) en lieues moyennes.							La lieue moyenne équivaut au *parasange*, mesure itinéraire en usage dans presque toute l'Asie. Deux de ces lieues font exactement un myriamètre.
1	2	3	4	5	6	1	2	3	4	5	6	7	8	1	2	3	4	5	6	7	
1,	0	0	0	0	0	0,	5	0	0	0	0	0	0	›› 2,	0	0	0	0	0	0	
2,	0	0	0	0	0	1,	0	0	0	0	0	0	0	›› 4,	0	0	0	0	0	0	
3,	0	0	0	0	0	1,	5	0	0	0	0	0	0	›› 6,	0	0	0	0	0	0	
4,	0	0	0	0	0	2,	0	0	0	0	0	0	0	›› 8,	0	0	0	0	0	0	
5,	0	0	0	0	0	2,	5	0	0	0	0	0	0	1 0,	0	0	0	0	0	0	
6,	0	0	0	0	0	3,	0	0	0	0	0	0	0	1 2,	0	0	0	0	0	0	
7,	0	0	0	0	0	3,	5	0	0	0	0	0	0	1 4,	0	0	0	0	0	0	
8,	0	0	0	0	0	4,	0	0	0	0	0	0	0	1 6,	0	0	0	0	0	0	
9,	0	0	0	0	0	4,	5	0	0	0	0	0	0	1 8,	0	0	0	0	0	0	

NOMBRES à comparer.						LIEUES MARINES (2850 toises 411) en myriamètres.								MYRIAMÈTRES (10 kilomètres) en lieues marines.							9 lieues marines forment exactement la longueur de 5 myriamètres.
1	2	3	4	5	6	1	2	3	4	5	6	7	8	1	2	3	4	5	6	7	
1,	0	0	0	0	0	0,	5	5	5	5	5	5	6	›› 1,	8	0	0	0	0	0	
2,	0	0	0	0	0	1,	1	1	1	1	1	1	1	›› 3,	6	0	0	0	0	0	
3,	0	0	0	0	0	1,	6	6	6	6	6	6	7	›› 5,	4	0	0	0	0	0	
4,	0	0	0	0	0	2,	2	2	2	2	2	2	2	›› 7,	2	0	0	0	0	0	
5,	0	0	0	0	0	2,	7	7	7	7	7	7	8	›› 9,	0	0	0	0	0	0	
6,	0	0	0	0	0	3,	3	3	3	3	3	3	3	1 0,	8	0	0	0	0	0	
7,	0	0	0	0	0	3,	8	8	8	8	8	8	9	1 2,	6	0	0	0	0	0	
8,	0	0	0	0	0	4,	4	4	4	4	4	4	4	1 4,	4	0	0	0	0	0	
9,	0	0	0	0	0	5,	0	0	0	0	0	0	0	1 6,	2	0	0	0	0	0	

MESURES DE LONGUEUR (itinéraires).

NOMBRES à comparer.	LIEUES DE POSTE (2000 toises) en kilomètres.		KILOMÈTRES (1000ᵐ 513ᵗ 074) en lieues de poste.
1 2 3 4 5 6	1 2 3 4 5 6 7		1 2 3 4 5 6 7 8
I, 0 0 0 0 0	» 3, 8 9 8 0 7 3		0, 2 5 6 5 3 7 0
2, 0 0 0 0 0	» 7, 7 9 6 1 4 6		0, 5 I 3 0 7 4 0
3, 0 0 0 0 0	I I, 6 9 4 2 2 0		0, 7 6 9 6 I I 0
4, 0 0 0 0 0	I 5, 5 9 2 2 9 3		I, 0 2 6 I 4 8 0
5, 0 0 0 0 0	I 9, 4 9 0 3 6 6		I, 2 8 2 6 8 5 0
6, 0 0 0 0 0	2 3, 3 8 8 4 3 9		I, 5 3 9 2 2 2 0
7, 0 0 0 0 0	2 7, 2 8 6 5 I 2		I, 7 9 5 7 5 9 0
8, 0 0 0 0 0	3 I, I 8 4 5 8 5		2, 0 5 2 2 9 6 0
9, 0 0 0 0 0	3 5, 0 8 2 6 5 9		2, 3 0 8 8 3 3 0

NOMBRES à comparer.	LIEUES COMMUNES (2280 toises 1,3) en kilomètres.		KILOMÈTRES (1000ᵐ 513ᵗ 074) en lieues communes.
1 2 3 4 5 6	1 2 3 4 5 6 7		1 2 3 4 5 6 7 8
I, 0 0 0 0 0	» 4, 4 4 4 4 4 4		0, 2 2 5 0 0 0 0
2, 0 0 0 0 0	» 8, 8 8 8 8 8 9		0, 4 5 0 0 0 0 0
3, 0 0 0 0 0	I 3, 3 3 3 3 3 3		0, 6 7 5 0 0 0 0
4, 0 0 0 0 0	I 7, 7 7 7 7 7 8		0, 9 0 0 0 0 0 0
5, 0 0 0 0 0	2 2, 2 2 2 2 2 2		I, I 2 5 0 0 0 0
6, 0 0 0 0 0	2 6, 6 6 6 6 6 7		I, 3 5 0 0 0 0 0
7, 0 0 0 0 0	3 I, I I I I I I		I, 5 7 5 0 0 0 0
8, 0 0 0 0 0	3 5, 5 5 5 5 5 6		I, 8 0 0 0 0 0 0
9, 0 0 0 0 0	4 0, 0 0 0 0 0 0		2, 0 2 5 0 0 0 0

4 kilomètres valent approximativement 1 lieue de poste.

5 lieues communes = 22 kilomètres 2222, c'est-à-dire 22 k. m. 2 hectom. 2 décam. 2 m. 2 décim.

MESURES DE LONGUEUR (itinéraires).

NOMBRES à comparer.						LIEUES MOYENNES (2565 toises 370) en kilomètres.							KILOMÈTRES (1,000^m ou 513^t,074) en lieues moyennes.							
1	2	3	4	5	6	1	2	3	4	5	6	7	1	2	3	4	5	6	7	8
I, 0	0	0	0	0		» 5,	0	0	0	0	0	0	0, 2	0	0	0	0	0	0	0
2, 0	0	0	0	0		I 0,	0	0	0	0	0	0	0, 4	0	0	0	0	0	0	0
3, 0	0	0	0	0		I 5,	0	0	0	0	0	0	0, 6	0	0	0	0	0	0	0
4, 0	0	0	0	0		2 0,	0	0	0	0	0	0	0, 8	0	0	0	0	0	0	0
5, 0	0	0	0	0		2 5,	0	0	0	0	0	0	I, 0	0	0	0	0	0	0	0
6, 0	0	0	0	0		3 0,	0	0	0	0	0	0	I, 2	0	0	0	0	0	0	0
7, 0	0	0	0	0		3 5,	0	0	0	0	0	0	I, 4	0	0	0	0	0	0	0
8, 0	0	0	0	0		4 0,	0	0	0	0	0	0	I, 6	0	0	0	0	0	0	0
9, 0	0	0	0	0		4 5,	0	0	0	0	0	0	I, 8	0	0	0	0	0	0	0

NOMBRES à comparer.						LIEUES MARINES (2850 toises 411) en kilomètres.							KILOMÈTRES (1,000^m ou 513^t,074) en lieues marines.							
1	2	3	4	5	6	1	2	3	4	5	6	7	1	2	3	4	5	6	7	8
I, 0	0	0	0	0		» 5,	5	5	5	5	5	6	0, I	8	0	0	0	0	0	0
2, 0	0	0	0	0		I I,	I	I	I	I	I	I	0, 3	6	0	0	0	0	0	0
3, 0	0	0	0	0		I 6,	6	6	6	6	6	7	0, 5	4	0	0	0	0	0	0
4, 0	0	0	0	0		2 2,	2	2	2	2	2	2	0, 7	2	0	0	0	0	0	0
5, 0	0	0	0	0		2 7,	7	7	7	7	7	8	0, 9	0	0	0	0	0	0	0
6, 0	0	0	0	0		3 3,	3	3	3	3	3	3	I, 0	8	0	0	0	0	0	0
7, 0	0	0	0	0		3 8,	8	8	8	8	8	9	I, 2	6	0	0	0	0	0	0
8, 0	0	0	0	0		4 4,	4	4	4	4	4	4	I, 4	4	0	0	0	0	0	0
9, 0	0	0	0	0		5 0,	0	0	0	0	0	0	I, 6	2	0	0	0	0	0	0

5 kilomètres valent exactement 1 lieue moyenne.

9 lieues marines font exactement 50 kilomètres.

MESURES DE LONGUEUR (linéaires).

NOMBRES à comparer.	TOISES (6 pieds) en mètres.	MÈTRES (3 pi. 11 lig. 296) en toises de 6 pieds.
1,00000	» 1.949036	0,5130740
2,00000	» 3,898073	1,0261480
3,00000	» 5,847109	1,5392220
4,00000	» 7,796146	2,0522960
5,00000	» 9,745183	2,5653700
6,00000	11,694219	3,0784440
7,00000	13,643256	3,5915180
8,00000	15,592292	4,1045920
9,00000	17,541329	4,6176660

1 toise $= 1^m\,949036$
1000 toises $= 1949^m\,036$ les décimales expriment des millimètres ; en les prenant une à une, la première représente 0 décimètre, la deuxième 3 centimètres, la troisième 6 millimètres.

Rapport du Mètre à la *Toise* et à ses subdivisions.

mètres	toises	pieds	pouces	lignes	mètres	toises	pieds	pouces	lignes	mètres	toises	pieds	pouces	lignes
1	0	3	0	11,296	11	5	3	11	4,256	30	15	2	4	2,880
2	1	0	1	10,592	12	6	0	11	3,512	40	20	3	1	7,840
3	1	3	2	9,888	13	6	4	0	2,848	50	25	3	11	0,800
4	2	0	3	9,184	14	7	1	1	2,144	60	30	4	8	5,760
5	2	3	4	8,480	15	7	4	2	1,440	70	35	5	5	10,720
6	3	0	5	7,776	16	8	1	3	0,736	80	41	0	3	3,680
7	3	3	6	7,072	17	8	4	4	0,032	90	46	1	0	8,640
8	4	0	7	6,368	18	9	1	4	11,328	100	51	1	10	1,600
9	4	3	8	5,664	19	9	4	5	10,624	1000	513	0	5	4,000
10	5	0	9	4,960	20	10	1	6	9,920	2000	1026	0	10	8,000

MESURES DE LONGUEUR (linéaires).

NOMBRES à comparer.	PIEDS (12 pouces) en décimètres.	DÉCIMÈTRES (3 po. 8 lig. 330) en pieds.
1 2 3 4 5 6	1 2 3 4 5 6 7	1 2 3 4 5 6 7 8
1, 0 0 0 0 0	» 3, 2 4 8 3 9 4	0, 3 0 7 8 4 4 4
2, 0 0 0 0 0	» 6, 4 9 6 7 8 9	0, 6 I 5 6 8 8 8
3, 0 0 0 0 0	» 9, 7 4 5 I 8 3	0, 9 2 3 5 3 3 2
4, 0 0 0 0 0	I 2, 9 9 3 5 7 7	1, 2 3 1 3 7 7 6
5, 0 0 0 0 0	I 6, 2 4 I 9 7 2	I, 5 3 9 2 2 2 0
6, 0 0 0 0 0	I 9, 4 9 0 3 6 6	I, 8 4 7 0 6 6 4
7, 0 0 0 0 0	2 2, 7 3 8 7 6 0	2, 1 5 4 9 I 0 8
8, 0 0 0 0 0	2 5, 9 8 7 I 5 5	2, 4 6 2 7 5 5 2
9, 0 0 0 0 0	2 9, 2 3 5 5 4 9	2, 7 7 0 5 9 9 6

3 décimètres valent 924 millièmes de pieds, c'est-à-dire un peu plus de 11 pouces.

Rapport du Décimètre au *Pied* et à ses subdivisions.

déci-mètres	pieds	pouces	lignes	
1	0	3	8,380	
2	0	7	4,659	
3	0	11	0,989	
4	1	2	9,318	10 décimètres valent 1 mètre. Pour obtenir la valeur de 50 déci-mètres, on prendra celle de 5 mètres.
5	1	6	5,648	La valeur de 25 décimètres = celle de 2 mètres + celle de 5 dé-cimètres.
6	1	10	1,977	
7	2	1	10,307	
8	2	5	6,637	
9	2	9	2,966	
10	3	0	11,296	

MESURES DE LONGUEUR (linéaires).

NOMBRES à comparer.	POUCES (±2 lignes) en centimètres.	CENTIMÈTRES (4 lig. 433) en pouces.	9 pouces = 24 centim., 363 approximativement = 25 centimètres ou le quart du mètre; 18 pouces à peu près le demi-mètre ou 5 décimètres, et 27 pouces les trois quarts du mètre ou 75 centimètres.
1, 0 0 0 0 0	» 2, 7 0 6 9 9 5	0, 3 6 9 4 1 3 3	
2, 0 0 0 0 0	» 5, 4 1 3 9 9 0	0, 7 3 8 8 2 6 6	
3, 0 0 0 0 0	» 8, 1 2 0 9 8 5	1, 1 0 8 2 3 9 8	
4, 0 0 0 0 0	1 0, 8 2 7 9 8 1	1, 4 7 7 6 5 3 1	
5, 0 0 0 0 0	1 3, 5 3 4 9 7 6	1, 8 4 7 0 6 6 4	
6, 0 0 0 0 0	1 6, 2 4 1 9 7 2	2, 2 1 6 4 7 9 7	
7, 0 0 0 0 0	1 8, 9 4 8 9 6 7	2, 5 8 5 8 9 3 0	
8, 0 0 0 0 0	2 1, 6 5 5 9 6 2	2, 9 5 5 3 0 6 2	
9, 0 0 0 0 0	2 4, 3 6 2 9 5 7	3, 3 2 4 7 1 9 5	

Rapport du Centimètre au *Pied* et à ses subdivisious.

centimètres	pieds	pouces	lignes	centimètres	pieds	pouces	lignes	centimètres	pieds	pouces	lignes
1	0	0	4,433	11	0	4	0,763	21	0	7	9,092
2	0	0	8,866	12	0	4	5,196	22	0	8	1,525
3	0	1	1,299	13	0	4	9,628	23	0	8	5,958
4	0	1	5,732	14	0	5	2,061	30	0	11	0,989
5	0	1	10,165	15	0	5	6,494	40	1	2	9,318
6	0	2	2,598	16	0	5	10,927	50	1	6	5,648
7	0	2	7,031	17	0	6	3,360	60	1	10	1,977
8	0	2	11,464	18	0	6	7,793	70	2	1	10,307
9	0	3	3,897	19	0	7	0,226	80	2	5	6,637
10	0	3	8,330	20	0	7	4,659	90	2	9	2,966

MESURES DE LONGUEUR (linéaires).

NOMBRES à comparer.	LIGNES en millimètres.	MILLIMÈTRES en lignes.	9 millimètres valent très-approximativement 4 lignes.
1, 0 0 0 0 0	» 2, 2 5 5 8 3 0	0, 4 4 3 2 9 5 9	
2, 0 0 0 0 0	» 4, 5 1 1 6 6 0	0, 8 8 6 5 9 1 9	
3, 0 0 0 0 0	» 6, 7 6 7 4 9 0	1, 3 2 9 8 8 7 8	
4, 0 0 0 0 0	» 9, 0 2 3 3 2 0	1, 7 7 3 1 7 3 7	
5, 0 0 0 0 0	1 1, 2 7 9 1 5 0	2, 2 1 6 4 7 9 7	
6, 0 0 0 0 0	1 3, 5 3 4 9 8 0	2, 6 5 9 7 7 5 6	
7, 0 0 0 0 0	1 5, 7 9 0 8 1 0	3, 1 0 3 0 7 1 6	
8, 0 0 0 0 0	1 8, 0 4 6 6 4 0	3, 5 4 6 3 6 7 5	
9, 0 0 0 0 0	2 0, 3 0 2 4 7 0	3, 9 8 9 6 6 3 4	

MESURES DE LONGUEUR (aunages).

NOMBBES à comparer.	AUNES DE PARIS (3 pi. 7 po. 10 ´. 5/6) en mètres	MÈTRES (3 pi. 11 lig. 296m) en aunes de Paris.	
1 2 3 4 5 6	1 2 3 4 5 6 7	1 2 3 4 5 6 7 8	
I, 0 0 0 0 0	» I, 1 8 8 4 4 6	0, 8 4 1 4 3 5 0	6 mètres = 5au, 0486099 , c'est-à-dire 5 aunes justes , à 5 centièmes près ; l'aune excède le mètre de 1/6 ; 5 aunes = 5m 94 ou 6 mètres 6 centièmes ; l'acheteur bénéficierait donc , à très-peu près , de 1 pour 0/0 , si on lui donnait 6 mètres au lieu de 5 aunes.
2, 0 0 0 0 0	» 2, 3 7 6 8 9 2	1, 6 8 2 8 7 0 0	
3, 0 0 0 0 0	» 3, 5 6 5 3 3 8	2, 5 2 4 3 0 5 0	
4, 0 0 0 0 0	» 4, 7 5 3 7 8 4	3, 3 6 5 7 4 0 0	
5, 0 0 0 0 0	» 5, 9 4 2 2 3 0	4, 2 0 7 1 7 4 9	
6, 0 0 0 0 0	» 7, I 3 0 6 7 6	5, 0 4 8 6 0 9 9	
7, 0 0 0 0 0	» 8, 3 1 9 1 2 2	5, 8 9 0 0 4 4 9	
8, 0 0 0 0 0	» 9, 5 0 7 5 6 8	6, 7 3 1 4 7 9 9	
9, 0 0 0 0 0	1 0, 3 9 6 6 1 3	7, 5 7 2 9 1 4 9	

Rapport des parties de l'Aune de Paris au *Mètre* et à ses divisions.

aunes	mètres	décim.	centim	millim	aunes	mètres	décim.	centim	millim
1/2	 0,	5	9	4	5/12	 0,	4	9	5
1/3	0,	3	9	6	7/12	0,	6	9	3
2/3	0,	7	9	2	11/12	1,	0	8	9
1/4	0,	2	9	7	1/16	0,	0	7	4
3/4	0,	8	9	1	3/16	0,	2	2	3
1/6	0,	1	9	8	5/16	0,	3	7	2
5/6	0,	9	9	0	7/16	0,	5	2	0
1/8	0,	1	4	8	9/16	0,	6	6	8
3/8	0,	4	4	5	11/16	0,	8	1	6
5/8	0,	7	4	3	13/16	0,	9	6	5
7/8	1,	0	4	0	15/16	1,	1	1	4
1/12	0,	0	9	9	1/24	0,	0	5	0

MESURES DE LONGUEUR (aunages).

NOMBRES à comparer.	AUNES (de 12 décimètres) en mètres.	MÈTRES (3 pi. 11 lig. 296) en aunes de 12 décimètres.	Le décimètre est un 12ᵉ de l'aune usuelle, le centimètre un 120ᵉ. 6 mètres donnent exactement 5 aunes.
1 2 3 4 5 6	1 2 3 4 5 6 7	1 2 3 4 5 6 7 8	
I, 0 0 0 0 0	» I, 2 0 0 0 0 0	0, 8 3 3 3 3 3 3	
2, 0 0 0 0 0	» 2, 4 0 0 0 0 0	I, 6 6 6 6 6 6 7	
3, 0 0 0 0 0	» 3, 6 0 0 0 0 0	2, 5 0 0 0 0 0 0	
4, 0 0 0 0 0	» 4, 8 0 0 0 0 0	3, 3 3 3 3 3 3 3	
5, 0 0 0 0 0	» 6, 0 0 0 0 0 0	4, I 6 6 6 6 6 7	
6, 0 0 0 0 0	» 7, 2 0 0 0 0 0	5, 0 0 0 0 0 0 0	
7, 0 0 0 0 0	» 8, 4 0 0 0 0 0	5, 8 3 3 3 3 3 3	
8, 0 0 0 0 0	» 9, 6 0 0 0 0 0	6, 6 6 6 6 6 6 7	
9, 0 0 0 0 0	1 0, 8 0 0 0 0 0	7, 5 0 0 0 0 0 0	

Rapport des parties de l'Aune usuelle au *Mètre* et à ses subdivisions.

aune usuelle	mètres	décim.	centim	millim		mètres	décim.	centim	millim
1/2	0,	6	0	0	5/12	0,	5	0	0
1/3	0,	4	0	0	7/12	0,	7	0	0
2/3	0,	8	0	0	11/12	1,	1	0	0
1/4	0,	3	0	0	1/16	0,	0	7	5
3/4	0,	9	0	0	3/16	0,	2	2	5
1/6	0,	2	0	0	5/16	0,	3	7	5
5/6	1,	0	0	0	7/16	0,	5	2	5
1/8	0,	1	5	0	9/16	0,	6	7	5
3/8	0,	4	5	0	11/16	0,	8	2	5
5/8	0,	7	5	0	13/16	0,	9	7	5
7/8	1,	0	5	0	15/16	1,	1	2	5
1/12	0,	1	0	0	1/24	0,	0	5	0

TAILLE ORDINAIRE DE L'HOMME,
par pieds, pouces et lignes,
EN MÈTRES ET MILLIMÈTRES.

pieds	pouces	lignes	mètres	millimètres	pieds	pouces	lignes	mètres	millimètres	pieds	pouces	lignes	mètres	millimètres
		»	1	570			»	1	624			»	1	678
		1	1	572			1	1	626			1	1	680
		2	1	575			2	1	629			2	1	683
		3	1	577			3	1	631			3	1	685
		4	1	579			4	1	633			4	1	687
4	10	5	1	581	5	»	5	1	635	5	2	5	1	689
		6	1	584			6	1	638			6	1	692
		7	1	586			7	1	640			7	1	694
		8	1	588			8	1	642			8	1	696
		9	1	590			9	1	644			9	1	698
		10	1	593			10	1	647			11	1	701
		11	1	595			11	1	649			12	1	703
		»	1	597			»	1	651			»	1	705
		1	1	599			1	1	653			1	1	707
		2	1	602			2	1	656			2	1	710
		3	1	604			3	1	658			3	1	712
		4	1	606			4	1	660			4	1	714
		5	1	608			5	1	662			5	1	716
4	11	6	1	611	5	1	6	1	665	5	3	6	1	719
		7	1	613			7	1	667			7	1	721
		8	1	615			8	1	669			8	1	723
		9	1	617			9	1	671			9	1	725
		10	1	620			10	1	674			10	1	728
		11	1	622			11	1	676			11	1	730

TAILLE ORDINAIRE DE L'HOMME,

par pieds, pouces et lignes,

EN MÈTRES ET MILLIMÈTRES.

pieds	pouces	lignes	mètres	millimètres	pieds	pouces	lignes	mètres	millimètres	pieds	pouces	lignes	mètres	millimètres
		»	1	732			»	1	786			»	1	841
		1	1	734			1	1	788			1	1	843
		2	1	737			2	1	791			2	1	846
		3	1	739			3	1	793			3	1	848
		4	1	741			4	1	795			4	1	850
5	4	5	1	743	5	6	5	1	797	5	8	5	1	852
		6	1	746			6	1	800			6	1	855
		7	1	748			7	1	802			7	1	857
		8	1	750			8	1	804			8	1	859
		9	1	752			9	1	806			9	1	861
		10	1	755			10	1	809			10	1	864
		11	1	757			11	1	811			11	1	866
		»	1	759			»	1	813			»	1	868
		1	1	761			1	1	815			1	1	870
		2	1	764			2	1	818			2	1	873
		3	1	766			3	1	820			3	1	875
		4	1	768			4	1	822			4	1	877
		5	1	770			5	1	824			5	1	879
5	5	6	1	773	5	7	6	1	827	5	9	6	1	882
		7	1	775			7	1	829			7	1	884
		8	1	777			8	1	831			8	1	886
		9	1	779			9	1	833			9	1	888
		10	1	782			10	1	836			10	1	891
		11	1	784			11	1	838			11	1	893

APPLICATIONS DES TABLES.

DES MESURES DE LONGUEUR.

Les CHIFFRES A GAUCHE DE LA VIRGULE EXPRIMENT L'UNITÉ, CEUX A DROITE LES PARTIES DE L'UNITÉ.

La 1re DÉCIMALE EXPRIME DES DIXIÈMES, LA 2e DES CENTIÈMES, LA 3e DES MILLIÈMES DE L'UNITÉ PRINCIPALE.

Ainsi pour obtenir le rapport d'un nombre 10 fois, 100 fois, 1,000 fois, etc., plus grand que l'un des neuf premiers nombres, il suffira d'avancer la virgule d'un, de deux ou de trois rangs vers la droite ; et semblablement pour obtenir le rapport d'un nombre 10 fois, 100 fois, 1,000 fois plus faible, il suffira de reculer la virgule d'un, de deux ou de trois rangs vers la gauche, en ayant soin de représenter par des zéros les unités manquantes.

Que le rapport à chercher soit la transformation d'une ancienne mesure de longueur en nouvelle et réciproquement, ou le PRIX COMPARATIF de l'une connaissant celui de l'autre, nos tables en donnent également la solution.

EXERCICES.

MESURES LINÉAIRES.

PROBLÈME I. *Convertir* 25 *mètres en aunes.*

20 mètres valent (pag. 22)	16^{au.} 829
	5	»	4 207
donc	25	»	21^{au} 036

Le prix de l'aune de drap étant de 25 fr., on voit que celui du mètre vaudrait 21 fr. 04 c.

II. *Convertir 38 aunes 5/8 en mètres.*

```
30 aunes valent (pag. 22) 35ᵐ·653
 8       »            »     9 508
         5/8          »       743
        ─────────────────────────
donc  38 au.  5/8     »    45ᵐ904
```

Si le mètre de drap coûtait 38 fr. 74 c., on voit que le prix relatif de l'aune serait de 45 fr. 90 c., à peu près 1/6 en plus. Le mètre est plus court que l'aune de 6 pouc. 11 lig. 537 millièmes.

III. *Convertir 75 mètres 40 centimètres en toises.*

```
70 mètres valent (pag. 18) 35ᵗ·91518 ou bien 35ᵗ· 5ᵖⁱ· 5ᵖᵒ· 10ˡⁱᵍ· 72
 5    »        »        »    2 56537   »       2  3   4    8   480
 »  40 cent. »         »    0 20523   »       »  I   2    9   318
                            ───────────      ─────────────────────
75ᵐ40        »        »    38·68578  ou     37 10   I    3   870
```

Nous opérons la conversion de 40 centimètres ou 4 décimètres à la table des mètres en toises, parce que si 4 mètres valent 2ᵗ·0523, il est évident que 4 décimètres (ou sa valeur 40 centimètres) vaudra 10 fois moins, c'est-à-dire 0ᵗ·20523.

Le prix d'une toise d'ouvrage étant de 38 fr. 69 c., le prix du mètre serait de 75 fr. 40 c.; en effet,

```
30 fr.  »   prix de la toise vaut, relativement à celui du mètre,  58 fr. 47 c.
 8          »              »              »                        15    59
 0   60 c.  »              »              »                         I    17
 0    9 c.  »              »              »                         0    17
 ───────                                                           ──────────
38 fr. 69 c. »             »              »                        75 fr. 40 c.
```

IV. *Convertir 55 centimètres en pouces.*

```
50 centimètres valent (pag. 20) 18ᵖᵒ·470664 ou bien 1ᵖⁱ·6ᵖᵒ· 5ˡⁱᵍ·648
 5              »                 I  847066          »  I  10  165
 ───                             ─────────────      ───────────────────
donc 55 centimètres valent      20ᵖᵒ·317730 ou bien 1ᵖⁱ·8ᵖᵒ· 3ˡⁱᵍ·813
```

Si, au lieu de centimètres, nous avions 55 *mètres à convertir en pouces*, nous nous servirions également de la tables des centimètres en pouces, et comme 1 mètre vaut 100 fois plus qu'un centimètre, on aurait la conversion de 55 mètres en pouces en multipliant 20,317730 par 100 = 2031 po. 7730 = 28 t. 2191. (*Voir la preuve* à la table des mètres en toises.)

V. *Réduire* 5 t. 3 pi. 7 po. 10 l. *en mètres et fractions décimales du mètre.*

On peut : 1° réduire le nombre proposé en décimales de la toise, ce qui donnera 5 t. 608, et alors :

5 t.	. . . . (pag. 18) . . .	9 m. 745
0 600	. . . .	1 169
0 008	. . . .	0 016
ou bien 5 t. 608	. . . .	10 930

2° Prendre les valeurs aliquotes et les additionner.

5 t.	. . (pag. 18) . . .	9 in. 745
3 pi.	. . (pag. 19) . . .	0 974
7 po.	(pag. 20) . . .	0 189
10 l.	(pag. 21) . . .	0 022
donc 5 t. 3 pi. 7 po. 10 lig. =	. . . . .	10 m. 930

VI. *Convertir* 2 *pieds* 6 *pouces en décimètres.*

2 pieds 6 pouces valent (pag. 19)	6 décim.	496789
» 6 » (pag. 20)	0	162420
donc 2 pieds 6 pouces valent	6 décim.	659209

VII. *La toise valant* 60 fr., le mètre vaudra (pag. 18) 30 fr. 78 c. — *Le mètre valant* 60 fr., la toise vaudra (*même page*) 116 fr. 94 c.

MESURES ITINÉRAIRES.

PROBLÈME I. *Si l'on demandait combien 11 lieues 7/8 font de kilomètres*,

On réduirait d'abord la fraction en décimales (*voir* notre table des divisions, 7 divisé par 8 = 0,875), ce qui donnerait 11^{lieues} 875.

or 10 lieues communes (pag. 16) = 44$^{\text{kil.}}$ 4444
    1   = 4   4444
    0, 800   = 3   5555
    0, 070   = 0   3111
    0, 005   = 0   0222
    ───
    11 lieues communes   = 52$^{\text{kil.}}$ 7776 ou 5$^{\text{myr.}}$ 277.

II. *Combien 29 kilomètres 275 font-ils de lieues communes ?*

    20$^{\text{kil.}}$ valent 4$^{\text{li.}}$ 500
     9   2   025
    0, 200   0   045
    0,   70   0   016
    0,   5   0   001
    ───
    29$^{\text{kil.}}$ 275 valent 6$^{\text{li.}}$ 587

CHAPITRE DEUXIÈME.

MESURES DE SUPERFICIE [1] ou CARRÉES.

NOMENCLATURE DU SYSTÈME LÉGAL.

* Myriare.	10,000 ares.	
* Kiliare.	1,000	
HECTARE.	100	il remplace l'ARPENT dont il est un peu plus que le double, il vaut 10,000 mètres carrés (100 × 100 = 10,000), ou en pieds carrés, 94768. 2, et en toises carrées, 2632. 45.
* Décare	10	
ARE.	1	PERCHE MÉTRIQUE de 100 mètres carrés : c'est un décamètre carré, ou un carré qui a 10 mètres de côté. Il remplace toutes les anciennes mesures agraires, et vaut en pieds carrés 947. 7, et en toises carrées 26. 32.
* Déciare.	0,1	
CENTIARE	0,01	c'est un mètre carré = 9 pi. c. 477.
* Milliare.	0,001	

(1) La surface ou superficie est ce qui a longueur et largeur, sans hauteur ni épaisseur. Mesurer une surface, c'est déterminer combien de fois elle contient une autre surface connue. Elles se divisent en trois classes : *Mesures de superficie* proprement dites, *Mesures agraires* et *Mesures topographiques*. Elles ont toutes le mètre pour élément : les premières répondent aux toises, pieds, pouces, lignes carrées ; les secondes remplacent les anciennes mesures employées à l'arpentage des biens territoriaux ; les troisièmes sont celles qui servent à déterminer l'étendue d'une contrée, d'une province, d'un royaume, etc.

(*) Les noms précédés d'un astérique sont peu usités. Ils sont remplacés pour les mesures des grands terrains par le *myriamètre* et *kilomètre* carré — et pour les mesures générales par le mètre et ses subdivisions. On compte par ares jusqu'à 100 ; ensuite par hectares pour les grandes étendues, et par centiares pour les petites.

NOMENCLATURE DU SYSTÈME ANCIEN.

MESURES GÉNÉRALES DES SURFACES.

1° MESURES DE SUPERFICIE (*proprement dites*).

Toise carrée	contenant	36 pieds carrés.
Pied carré	—	144 pouces carrés.
Pouce carré	—	144 lignes. carrées.
Ligne carrée	—	144 points carrés.
Toise-pieds	—	12 toises-pouces ou 1/6 de la toise carrée ou 6 pieds car.
Toise-pouces	—	12 toises-lignes ou 72 pouces carrés.
Toise-lignes	—	12 toises-points ou 864 lignes carr. ou 6 pouces carr.
Toise-points	—	. . . . . . 72 lignes carrées.

2° MESURES AGRAIRES[1] LES PLUS USITÉES EN FRANCE.

L'arpent des eaux et forêts de 100 perc. de 22 pi.$=$48400$^{\text{pi. c}}$ ou 1344^{tc},44 ou 5107^{mc},20
La perche vaut 100 fois moins.
L'arpent de Paris de . . 100 perc. de 18 pi.$=$32400$^{\text{pi. c}}$ ou 900^{tc} ou 3418^{mc},87
La perche vaut 100 fois moins.
L'arpent commun de . . 100 perc. de 20 pi.
L'arpent de. . . . . . 100 perc. de 19 pi. 4 po.

[1] Les mesures agraires ne sont qu'une dépendance des mesures de superficie. Le mot *agraires* fait connaître qu'elles servent à évaluer l'étendue des parties d'un terrain, comme un champ, une prairie, un bois.

L'unité de mesures qu'on employait le plus ordinairement autrefois était l'arpent. On lui a substitué un grand espace carré dont le côté est de 100 mètres et qui renferme 10,000 mètres carrés. On a donné à cette unité le nom d'hectare.

L'exemple du damier polonais en peut donner une idée approximative. La table entière représentant l'hectare, chaque case représentera un are, qui se divisera de même en

3° MESURES TOPOGRAPHIQUES.

Lieue de poste de   2000 t.   vaut en superficie   4,000,000 t. c.
Lieue commune de 2280 t. 1/3 5,199,905
Lieue moyenne de 2565 t. 37 6,580,023
Lieue marine de   2850 t. 411 8,124,843

CONVERSION DES ANCIENNES ET NOUVELLES MESURES DE SURFACE.

Toutes les mesures de surface, soit anciennes, soit nouvelles, sont des carrés tels que la *toise carrée*, le *mètre carré*, la *perche carrée*, ou sont composées de carrés, comme l'arpent de 100 perches, l'hectare de 10,000 mètres carrés, etc.

Le mètre carré est une surface qui a un mètre de toutes faces. Si on suppose un damier de la grandeur d'un mètre carré, comme il y a 10 cases dans chaque dimension, chaque case sera 1 *décimètre carré* ou 1/100 de la totalité des cases. Il est donc très-important de ne jamais oublier que le mètre carré et ses multiples ne conservent pas entre eux les rapports que leurs noms semblent indiquer. Le décimètre carré et le mètre carré ne sont pas dans la proportion de 1 à 10, mais de 1 à 100, le mètre et l'hectomètre ne sont pas dans le rapport de 1 à 100, mais de 1 à 10 000.

D'où il résulte (Martin) : 1° que la première décimale, après les mètres carrés, représente des dixièmes et non des décimètres carrés; 2° que, pour additionner des mètres avec des décimètres et centimètres carrés, il faut mettre deux chiffres d'intervalle entre chaque unité, et celle qui lui est immédiatement supérieure ou inférieure; 3° que, si l'on veut convertir un nombre de mètres carrés en décimètres ou centimètres carrés, il faut reculer la virgule de 2 chiffres pour les décimètres, et de 4 pour les centimètres.

Pour établir le rapport de l'ancienne mesure carrée en nouvelle, ou réciproquement, on cherche d'abord le rapport du côté du carré, puis on fait le carré du résultat.

centiares, si l'on forme, par des lignes parallèles et perpendiculaires, 10 sous-divisions sur chacun de ces côtés.

N. B. — Les terrains s'écartent souvent de la simplicité et de la régularité qui conviennent à leurs mesures, mais la géométrie fournit des règles pour partager ces terrains en un certain nombre de triangles dont on évalue la somme en *ares* et *centiares*, et c'est en quoi consiste l'arpentage.

Ainsi le rapport de la toise carrée au mètre carré s'obtient en multipliant par lui-même le rapport de la toise au mètre (page 18), c'est-à-dire $1^m 9490365$, $\times 1^m 9490365 = 3^{m.c.} 7987435$.

Celui du mètre carré à la toise carrée $=$ le rapport du mètre à la toise (page 18), $0^t, 5130740 \times$ lui-même $= 0^{t.c.}, 2632494$.

La valeur d'une toise carrée étant connue, en la multipliant par 36, puis par 144, on obtiendra : 1° des pieds carrés ; 2° des pouces carrés.

Le décimètre linéaire vaut en pied 0, 3078444 ; la valeur du décimètre carré en pied carré sera évidemment le carré de ce nombre.

Soit à obtenir le rapport de l'are à la perche, de l'hectare à l'arpent de Paris :

1 are $= 100$ mètres carrés ; 1 perche de Paris de 18 pieds de longueur (p. 14) $= 324$ pi. c.

1 mètre carré $= 9$ pi. c. 4768.

L'are vaut donc 100 fois plus, ou 957 pi. c. 68 ; ainsi la valeur de l'are en perches $= \frac{947,68}{324} = 2,925$.

Ces exemples doivent suffire pour la conversion de tous les autres rapports.

RAPPORTS GÉNÉRAUX

des anciennes Mesures de surface aux nouvelles.		*des nouvelles Mesures de surface aux anciennes.*	
1 toise car. en mètres carrés	= 3,7987436	1 mètre carré en toise car. =	0,2632494
1 pied car. en décim. carrés	= 10,552065	1 décim. car. en pied car. =	0,0947682
1 pouc. c. en centim. car.	= 7,327823	1 centim. car. en pouce car. =	0,1364662
1 ligne c. en millim. carrés	= 5,088766	1 millim. car. en ligne car. =	0,1965112
1 toise-pieds en mètres car.	= 0,6331239	. . . .	. . . .
1 toise-pouc. *Id.*	= 0,0527603	. . . .	. . . .
1 toise-lignes *Id.*	= 0,0043967	. . . .	. . . .
1 toise-points *Id.*	= 0 0003664	. . . . ,	. . . .
1 arp. de 22 pieds en hect.	= 0,5107200	1 hectare en arp. de 22 pieds =	1,958020
1 — de 20 p. —	= 0,4220826	2 — de 20 pi. =	2,369204
1 — de 19 p. 4 po. —	= 0,3942768	1 — de 18 p. 4 po. =	2,536289
1 — de 18 p. —	= 0,3418869	1 — de 18 =	2,924944

Le rapport des perches aux ares et celui des ares aux perches est le même que celui de l'arpent à l'hectare et de l'hectare à l'arpent, puisque l'arpent contient 100 perches et l'hectare 100 ares, il y a évidemment compensation et conséquemment égalité de rapport.

MESURES GÉNÉRALES DE SUPERFICIE.

MESURES DE SUPERFICIE (*proprement dites*).

NOMBRES à comparer.	TOISES CARRÉES (36 pieds carrés) en mètres carrés.	MÈTRES CARRÉS (100 décim. carrés) en toises carrées.	
1 2 3 4 5 6	1 2 3 4 5 6 7	1 2 3 4 5 6 7 8	
I, 0 0 0 0 0	» 3, 7 9 8 7 4 4	0, 2 6 3 2 4 9 4	3 toises carrées = 11 mètres carrés, 39 décimètres carrés, 62 centimètres carrés, 31 millimètres carrés. En considérant les *décimales* par tranches, les deux premières représentent des décimètres carrés, les deux suivantes des centimètres et les deux dernières des millimètres carrés.
2, 0 0 0 0 0	» 7, 5 9 7 4 8 7	0, 5 2 6 4 9 8 7	
3, 0 0 0 0 0	I 1, 3 9 6 2 3 I	0, 7 8 9 7 4 8 0	
4, 0 0 0 0 0	I 5, I 9 4 9 7 4	1, 0 5 2 9 9 7 4	
5, 0 0 0 0 0	1 8, 9 9 3 7 I 8	I, 3 I 6 2 4 6 8	
6, 0 0 0 0 0	2 2, 7 9 2 4 6 I	I, 5 7 9 4 9 6 2	
7, 0 0 0 0 0	2 6, 5 9 I 2 0 5	I, 8 4 2 7 4 5 5	
8, 0 0 0 0 0	3 0, 3 8 9 9 4 8	2, I 0 5 9 9 4 9	
9, 0 0 0 0 0	3 4, I 8 8 3 9 2	2, 3 6 9 2 4 4 2	

Rapport du Mètre carré à la *Toise* carrée et à ses subdivisions.

mètres carrés	toises carrées	pieds carrés	pouces carrés	lignes carrées	mètres carrés	toises carrées	pieds carrés	pouces carrés	lignes carrées	mètres carrés	toises carrées	pieds carrés	pouces carrés	lignes carrées
1	»	9	68	95	11	2	32	35	40	30	7	32	43	124
2	»	18	137	46	12	3	5	103	135	40	10	19	10	70
3	»	28	61	142	13	3	15	28	87	50	13	5	121	15
4	1	1	130	93	14	3	24	97	38	60	15	28	87	105
5	1	11	55	45	15	3	34	21	133	70	18	15	54	50
6	1	20	123	140	16	4	7	90	84	80	21	2	20	139
7	1	30	48	91	17	4	17	15	35	90	23	24	131	85
8	2	3	117	43	18	4	26	83	131	100	26	11	98	30
9	2	13	41	138	19	5	0	8	82	500	131	22	59	8
10	2	22	110	89	20	5	9	77	33	1000	263	8	118	16

MESURES DE SUPERFICIE *(proprement dites)*.

NOMBRES à comparer.						PIEDS CARRÉS (144 pouces carrés) en décimètres carrés.							DÉCIMÈTRES CARRÉS (100 d. c. = 1 mètre c.) en pieds carrés.								Le prix du pied carré étant de 10 fr., celui du décimètre carré sera de 0 fr. 09 c. 5. 10 décim. c. = 0 pi. c. 948 — les décimales représentent des millièmes de pied carré : en les multipliant par 144 et retranchant trois chiffres, on aurait des pouces carrés.
1	2	3	4	5	6	1	2	3	4	5	6	7	1	2	3	4	5	6	7	8	
I,	0	0	0	0	0	I 0,	5	5	2	0	6	5	0,	0	9	4	7	6	8	2	
2,	0	0	0	0	0	2 I,	I	0	4	I	3	I	0,	I	8	9	5	3	6	3	
3,	0	0	0	0	0	3 I,	6	5	6	I	9	6	0,	2	8	4	3	0	4	5	
4,	0	0	0	0	0	4 2,	2	0	8	2	6	2	0,	3	7	9	0	7	2	7	
5,	0	0	0	0	0	5 2,	7	6	0	3	2	8	0,	4	7	3	8	4	0	9	
6,	0	0	0	0	0	6 3,	3	I	2	3	9	3	0,	5	6	8	6	0	9	0	
7,	0	0	0	0	0	7 3,	8	6	4	4	5	9	0,	6	6	3	3	7	7	2	
8,	0	0	0	0	0	8 4,	4	I	6	5	2	4	0,	7	5	8	I	4	5	4	
9,	0	0	0	0	0	9 4,	9	6	8	5	9	0	0,	8	5	2	9	I	3	6	

Rapport du Décimètre carré au *Pied* carré et à ses subdivisions.

décimètres carrés	pieds carrés	pouces carrés	lignes carrées	décimètres carrés	pieds carrés	pouces carrés	lignes carrées	décimètres carrés	pieds carrés	pouces carrés	lignes carrées
1	»	13	93	11	1	6	16	25	2	53	24
2	»	27	42	12	1	19	109	30	2	121	57
3	»	40	135	13	1	33	58	35	3	45	91
4	»	54	84	14	1	47	7	40	3	113	125
5	»	68	33	15	1	60	100	45	4	38	14
6	»	81	126	16	1	74	50	50	4	106	48
7	»	95	75	17	1	87	142	60	5	98	115
8	»	109	25	18	1	101	92	70	6	91	38
9	»	122	118	19	1	115	41	80	7	83	105
10	»	136	67	20	1	128	134	90	8	76	28

MESURES DE SUPERFICIE (*proprement dites*).

NOMBRES à comparer.	POUCES CARRÉS (144 lig. car.) en centimètres carrés.	CENTIMÈTRES CARRÉS (100 cent. c. = 1 déc. c.) en pouces carrés.	30 pouces carrés = 219 centim. c. 83470, ou 2 décimètres 19 centimètres 83 millimètres.
1, 0 0 0 0 0	» 7, 3 2 7 8 2 3	0, 1 3 6 4 6 6 2	
2, 0 0 0 0 0	14, 6 5 5 6 4 6	0, 2 7 2 9 3 2 3	
3, 0 0 0 0 0	21, 9 8 3 4 7 0	0, 4 0 9 3 9 8 3	
4, 0 0 0 0 0	29, 3 1 1 2 9 3	0, 5 4 5 8 6 4 7	
5, 0 0 0 0 0	36, 6 3 9 1 1 6	0, 6 8 2 3 3 0 9	
6, 0 0 0 0 0	43, 9 6 6 9 4 0	0, 8 1 8 7 9 7 0	
7, 0 0 0 0 0	51, 2 9 4 7 6 3	0, 9 5 5 2 6 3 2	
8, 0 0 0 0 0	58, 6 2 2 5 8 6	1, 0 9 1 7 2 9 4	
9, 0 0 0 0 0	65, 9 5 0 4 1 0	1, 2 2 8 1 9 5 5	

Rapport du Centimètre carré au *Pouce* carré et à ses subdivisions.

centimètres carrés	pouces carrés	lignes carrées	centimètres carrés	pouces carrés	lignes carrées	centimètres carrés	pouces carrés	lignes carrées
1	»	19	11	1	72	25	3	59
2	»	39	12	1	91	30	4	13
3	»	58	13	1	111	35	4	111
4	»	78	14	1	131	40	5	66
5	»	98	15	2	6	45	6	20
6	»	117	16	2	26	50	6	118
7	»	137	17	2	46	60	8	27
8	1	13	18	2	65	70	9	79
9	1	32	19	2	85	80	10	13
10	1	52	20	2	105	90	12	40

MESURES DE SUPERFICIE *(proprement dites)*.

NOMBRES à comparer.	LIGNES CARRÉES (144 points carr.) en millimètres carrés.	MILLIMÈTRES CARRÉS (100 mil. c. = 1 centi. c.) en lignes carrées.
1,0 0 0 0 0	» 5, 0 8 8 7 6 6	0, I 9 6 5 I I 3
2,0 0 0 0 0	I 0, I 7 7 5 3 2	0, 3 9 3 0 2 2 6
3,0 0 0 0 0	I 5, 2 6 6 2 9 8	0, 5 8 9 5 3 3 9
4,0 0 0 0 0	2 0, 3 5 5 0 6 4	0, 7 8 6 0 4 5 I
5,0 0 0 0 0	2 5, 4 4 3 8 3 I	0, 9 8 2 5 5 6 4
6,0 0 0 0 0	3 0, 5 3 2 5 9 7	I, I 7 9 0 6 7 7
7,0 0 0 0 0	3 5, 6 2 I 3 6 3	I, 3 7 5 5 7 9 0
8,0 0 0 0 0	4 0, 7 I 0 I 2 9	I, 5 7 2 0 9 0 3
9,0 0 0 0 0	4 5, 7 9 8 8 9 5	I, 7 6 8 6 0 I 6

10 lignes carrées = 50 mill. carrés 888 millièmes.
90 mill. carrés = 17 lig. carrées 686 *id.*

1 millimètre carré valant en lignes carrées 0,19651
1 centimètre » vaudra » 19,651
1 décimètre » » 1965,1

MESURES DE SUPERFICIE *(proprement dites)*.

NOMBRES à comparer.	TOISE-PIEDS (12 toises-pouces) (6 pieds carrés) en mètres carrés.								TOISE-POUCES (12 toises-lignes) (72 pouces carrés) en mètres carrés.								
1 2 3 4 5 6	1	2	3	4	5	6	7	8	1	2	3	4	5	6	7	8	
1,0 0 0 0 0	0,	6	3	3	1	2	3	9	0,	0	5	2	7	6	0	3	
2,0 0 0 0 0	1,	2	6	6	2	4	7	8	0,	1	0	5	5	2	0	7	
3,0 0 0 0 0	1,	8	9	9	3	7	1	8	0,	1	5	8	2	8	1	0	
4,0 0 0 0 0	2,	5	3	2	4	9	5	7	0,	2	1	1	0	4	1	3	
5,0 0 0 0 0	3,	1	6	5	6	1	9	6	0,	2	6	3	8	0	1	6	
6,0 0 0 0 0	3,	7	9	8	7	4	3	5	0,	3	1	6	5	6	2	0	
7,0 0 0 0 0	4,	4	3	1	8	6	7	5	0,	3	6	9	3	2	2	3	
8,0 0 0 0 0	5,	0	6	4	9	9	1	4	0,	4	2	2	0	8	2	6	
9,0 0 0 0 0	5,	6	9	8	1	1	5	3	0,	4	7	4	8	4	2	9	

10 toises-pouces $= 0^{me}, 527605$, ou bien en considérant les décimales par tranches, les deux premiers chiffres sont des décimètres carrés, les deux suivants des centimètres carrés, les deux autres des millimètres carrés.

NOMBRES à comparer.	TOISE-LIGNES (12 toises-points) (864 lignes carrées) en mètres carrés.								TOISE-POINTS (72 lignes carrées) en mètres carrés.								
1 2 3 4 5 6	1	2	3	4	5	6	7	8	1	2	3	4	5	6	7	8	
1,0 0 0 0 0	0,	0	0	4	3	9	6	7	0,	0	0	0	3	6	6	4	
2,0 0 0 0 0	0,	0	0	8	7	9	3	4	0,	0	0	0	7	3	2	8	
3,0 0 0 0 0	0,	0	1	3	1	9	0	1	0,	0	0	1	0	9	9	2	
4,0 0 0 0 0	0,	0	1	7	5	8	6	8	0,	0	0	1	4	6	5	6	
5,0 0 0 0 0	0,	0	2	1	9	8	3	5	0,	0	0	1	8	3	2	0	
6,0 0 0 0 0	0,	0	2	6	3	8	0	2	0,	0	0	2	1	9	8	3	
7,0 0 0 0 0	0,	0	3	0	7	7	6	9	0,	0	0	2	5	6	4	7	
8,0 0 0 0 0	0,	0	3	5	1	7	3	6	0,	0	0	2	9	3	1	1	
9,0 0 0 0 0	0,	0	3	9	5	7	0	2	0,	0	0	3	2	9	7	5	

mètr. c.
9 toises-lignes $= 0. 0395702$
10 toises-points $= 0. 003664$
1 id. $= 0. 000366$
11 id. $= 0. 004030$

MESURES DE SUPERFICIE (proprement dites).

CONVERSION DES MÈTRES CARRÉS
en Toises carrées, Toise-pieds, Toise-pouces, Toise-lignes, Toise-points.

mètres carrés	toises c.	toise-pi.	toise-po.	toise-lig.	toise-poi.	mètres carrés	toises c.	toise-pi.	toise-po.	toise-lig.	toise-poi.
1	»	1	6	11	5	20	5	1	7	»	10
2	»	3	1	10	11	30	7	5	4	7	4
3	»	4	8	10	4	40	10	3	2	1	8
4	1	»	3	9	10	50	13	»	11	8	2
5	1	1	10	9	3	60	15	4	9	2	7
6	1	3	5	8	8	70	18	2	6	9	»
7	1	5	»	8	2	80	21	»	4	3	4
8	2	»	7	7	8	90	23	4	1	9	10
9	2	2	2	7	1	100	26	1	11	4	4
10	2	3	9	6	5	1000	263	1	5	7	8

MESURES AGRAIRES (les plus usitées en France).

NOMBRES à comparer.	ARPENTS (de 100 perches de 22 pi.) en hectares.	HECTARES en arpents. (de 100 perch. de 22 pi.)
1 2 3 4 5 6	1 2 3 4 5 6 7 8	1 2 3 4 5 6 7
I, 0 0 0 0 0	0, 5 1 0 7 2 0 0	» 1, 9 5 8 0 2 0
2, 0 0 0 0 0	1, 0 2 1 4 4 0 0	» 3, 9 1 6 0 4 0
3, 0 0 0 0 0	1, 5 3 2 1 5 9 9	» 5, 8 7 4 0 6 0
4, 0 0 0 0 0	2, 0 4 2 8 7 9 9	» 7, 8 3 2 0 8 0
5, 0 0 0 0 0	2, 5 5 3 5 9 9 9	» 9, 7 9 0 1 0 6
6, 0 0 0 0 0	3, 0 6 4 3 ‥ 9 9	1 1, 7 4 8 1 2 1
7, 0 0 0 0 0	3, 5 7 5 0 3 9 8	I 3, 7 0 6 1 4 1
8, 0 0 0 0 0	4, 0 8 5 7 5 9 8	I 5, 6 6 4 1 6 1
9, 0 0 0 0 0	4, 5 9 6 4 7 9 8	I 7, 6 2 2 1 8 1

Pour la comparaison des arpents en hectares, les chiffres séparés à gauche les expriment; les deux premières décimales sont des ares; les deux suivantes des centiares ou mètres carrés; les deux dernières sont des décimètres carrés.

10 arpents = 5 hectares 10 72 00, c'est-à-dire 10 ares 72 centiares.

NOMBRES à comparer.	ARPENTS (de 100 perches de 20 pi.) en hectares.	HECTARES en arpents (de 100 perches de 20 pi.)
1 2 3 4 5 6	1 2 3 4 5 6 7 8	1 2 3 4 5 6 7
I, 0 0 0 0 0	0, 4 2 2 0 8 2 6	» 2, 3 6 9 2 0 4
2, 0 0 0 0 0	0, 8 4 4 1 6 5 3	» 4, 7 3 8 4 0 9
3, 0 0 0 0 0	1, 2 6 6 2 4 7 9	» 7, 1 0 7 6 1 3
4, 0 0 0 0 0	1, 6 8 8 3 3 0 5	» 9, 4 7 6 8 1 7
5, 0 0 0 0 0	2, 1 1 0 4 1 3 1	I 1, 8 4 6 0 2 2
6, 0 0 0 0 0	2, 5 3 2 4 9 5 8	I 4, 2 1 5 2 2 6
7, 0 0 0 0 0	2, 9 5 4 5 7 8 4	I 6, 5 8 4 4 3 1
8, 0 0 0 0 0	3, 3 7 6 6 6 1 0	I 8, 9 5 3 6 3 5
9, 0 0 0 0 0	3, 7 9 8 7 4 3 6	2 I, 3 2 2 8 3 9

Pour la comparaison des hectares en arpents, les chiffres séparés à gauche sont des arpents; les deux premières décimales sont des perches, les secondes des dixièmes de perches, les troisièmes des centièmes de perches.

500 hecta. = 118 arp. 46 02 20, c'est-à-dire 46 perches, 02 dixièmes de perches, 20 centièmes de perches.

MESURES AGRAIRES (les plus usitées en France).

NOMBRES à comparer.	ARPENTS (de 100 perc. de 19 pi. 4 p.) en hectares.	HECTARES en arpents (de 100 perc. de 19 pi. 4 p.)
1, 0 0 0 0 0	0, 3 9 4 2 7 6 8	» 2, 5 3 6 2 8 9
2, 0 0 0 0 0	0, 7 8 8 5 5 3 5	» 5, 0 7 2 5 7 9
3, 0 0 0 0 0	1, 1 8 2 8 3 0 3	» 7, 6 0 8 8 6 8
4, 0 0 0 0 0	1, 5 7 7 1 0 7 1	1 0, 1 4 5 1 5 8
5, 0 0 0 0 0	1, 9 7 1 3 8 3 9	1 2, 6 8 1 4 4 7
6, 0 0 0 0 0	2, 3 6 5 6 6 0 6	1 5, 2 1 7 7 3 6
7, 0 0 0 0 0	2, 7 5 9 9 3 7 4	1 7, 7 5 4 0 2 6
8, 0 0 0 0 0	3, 1 5 4 2 1 4 2	2 0, 2 9 0 3 1 5
9, 0 0 0 0 0	3, 5 4 9 4 9 0 9	2 2, 8 2 6 6 0 5

Ces tables de comparaison de l'*arpent en hectares* et réciproquement peuvent également servir pour la comparaison des *perches en ares* et réciproquement.

NOMBRES à comparer.	ARPENTS (de 100 perch. de 18 pi.) en hectares.	HECTARES en arpents (de 100 perch. de 18 pi.)
1, 0 0 0 0 0	0, 3 4 1 8 8 6 9	» 2, 9 2 4 9 4 4
2, 0 0 0 0 0	0, 6 8 3 7 7 3 9	» 5, 8 4 9 8 8 7
3, 0 0 0 0 0	1, 0 2 5 6 6 0 8	» 8, 7 7 4 8 3 1
4, 0 0 0 0 0	1, 3 6 7 5 4 7 7	1 1, 6 9 9 7 7 5
5, 0 0 0 0 0	1, 7 0 9 4 3 4 6	1 4, 6 2 4 7 1 8
6, 0 0 0 0 0	2, 0 5 1 3 2 1 6	1 7, 5 4 9 6 6 2
7, 0 0 0 0 0	2, 3 9 3 2 0 8 5	2 0, 4 7 4 6 0 6
8, 0 0 0 0 0	2, 7 3 5 0 9 5 4	2 3, 3 9 9 5 4 9
9, 0 0 0 0 0	3, 0 7 6 9 8 2 3	2 6, 3 2 4 4 9 3

20 arpents valent. . . . 6 h. 83 a. 77 c.
7 » » . . 2 39 32
—— ————————
27 » » . . 9 h. 23 a. 09 c.

27 perches vaudraient 100 fois moins, ou 9 ares 23 centiares.

MESURES AGRAIRES (les plus usitées en France).

NOMBRES à comparer.	PERCHES (de 22 pieds) en ares.	ARES en perches de 22 pieds.	
1 2 3 4 5 6	1 2 3 4 5 6 7 8	1 2 3 4 5 6 7	
I, 0 0 0 0 0	0, 5 I 0 7 2 0 0	» 1, 9 5 8 0 2 0	90 perches = 45 ares 96 centiares
2, 0 0 0 0 0	I, 0 2 I 4 4 0 0	» 3, 9 I 6 0 4 0	9 » = 4 » 60 »
3, 0 0 0 0 0	I, 5 3 2 I 5 9 9	» 5, 8 7 4 0 6 0	————
4, 0 0 0 0 0	2, 0 4 2 8 7 9 9	» 7, 8 3 2 0 8 0	99 » = 50 » 56 »
5, 0 0 0 0 0	2, 5 5 3 5 9 9 9	» 9, 7 9 0 I 0 0	
6, 0 0 0 0 0	3, 0 6 4 3 I 9 9	I I, 7 4 8 I 2 I	
7, 0 0 0 0 0	3, 5 7 5 0 3 9 8	I 3, 7 0 6 I 4 I	
8, 0 0 0 0 0	4, 0 8 5 7 5 9 8	I 5, 6 6 4 I 6 I	
9, 0 0 0 0 0	4, 5 9 6 4 7 9 8	I 7, 6 2 2 I 8 I	

NOMBRES à comparer.	PERCHES (de 20 pieds) en ares.	ARES en perches de 20 pieds.	
1 2 3 4 5 6	1 2 3 4 5 6 7 8	1 2 3 4 5 6 7	
I, 0 0 0 0 0	0, 4 2 2 0 8 2 6	» 2, 3 6 9 2 0 4	50 ares = 118 perches 46 centièmes
2, 0 0 0 0 0	0, 8 4 4 I 6 5 3	» 4, 7 3 8 4 0 9	5 » = 11 » 85 »
3, 0 0 0 0 0	I, 2 6 6 2 4 7 9	» 7, I 0 7 6 I 3	————
4, 0 0 0 0 0	I, 6 8 8 3 3 0 5	» 9, 4 7 6 8 I 7	55 » = 130 » 31 »
5, 0 0 0 0 0	2, I I 0 4 I 3 I	I I, 8 4 6 0 2 2	
6, 0 0 0 0 0	2, 5 3 2 4 9 5 8	I 4, 2 I 5 2 2 6	
7, 0 0 0 0 0	2, 9 5 4 5 7 8 4	I 6, 5 8 4 4 3 I	
8, 0 0 0 0 0	3, 3 7 6 6 6 I 0	I 8, 9 5 3 6 3 5	
9, 0 0 0 0 0	3, 7 9 8 7 4 3 6	2 I, 3 2 2 8 3 9	

MESURES AGRAIRES (les plus usitées en France).

NOMBRES à comparer.						PERCHES (de 19 pi. 4 po.) en ares.								ARES en perches de 19 pi. 4 po.							10 perches = 3·ar. 94 c. Le prix de l'are étant de 10 fr., la perche vaudra 3 fr. 94. Le prix de la perche étant de 10 fr., l'are vaudra 25 fr. 36.
1	2	3	4	5	6	1	2	3	4	5	6	7	8	1	2	3	4	5	6	7	
I,	0	0	0	0	0	0,	3	9	4	2	7	6	8	» 2,	5	3	6	2	8	9	
2,	0	0	0	0	0	0,	7	8	8	5	5	3	5	» 5,	0	7	2	5	7	9	
3,	0	0	0	0	0	I,	I	8	2	8	3	0	3	» 7,	6	0	8	8	6	8	
4,	0	0	0	0	0	I,	5	7	7	I	0	7	I	I 0,	I	4	5	I	5	8	
5,	0	0	0	0	0	I,	9	7	I	3	8	3	9	I 2,	6	8	I	4	4	7	
6,	0	0	0	0	0	2,	3	6	5	6	6	0	6	I 5,	2	I	7	7	3	6	
7,	0	0	0	0	0	2,	7	5	9	9	3	7	4	I 7,	7	5	4	0	2	6	
8,	0	0	0	0	0	3,	I	5	4	2	I	4	2	2 0,	2	9	0	3	I	5	
9,	0	0	0	0	0	3,	5	4	9	4	9	0	9	2 2,	8	2	6	6	0	5	

NOMBRES à comparer.						PERCHES (de 18 pieds) eu ares.								ARES en perches de 18 pieds.							10 ares = 29 perches. La perche valant 10 fr., l'are vaudra 29 fr. 25. L'are valant 10 fr., la perche vaudra 3 fr. 42.
1	2	3	4	5	6	1	2	3	4	5	6	7	8	1	2	3	4	5	6	7	
I,	0	0	0	0	0	0,	3	4	I	8	8	6	9	» 2,	9	2	4	9	4	4	
2,	0	0	0	0	0	0,	6	8	3	7	7	3	9	» 5,	8	4	9	8	8	7	
3,	0	0	0	0	0	1,	0	2	5	6	6	0	8	» 8,	7	7	4	8	3	I	
4,	0	0	0	0	0	1,	3	6	7	5	4	7	7	I I,	6	9	9	7	7	5	
5,	0	0	0	0	0	1,	7	0	9	4	3	4	6	I 4,	6	2	4	7	I	8	
6,	0	0	0	0	0	2,	0	5	I	3	2	I	6	I 7,	5	4	9	6	6	2	
7,	0	0	0	0	0	2,	3	9	3	2	0	8	5	2 0,	4	7	4	6	0	6	
8,	0	0	0	0	0	2,	7	3	5	0	9	5	4	2 3,	3	9	9	5	4	9	
9,	0	0	0	0	0	3,	0	7	6	9	8	2	3	2 6,	3	2	4	4	9	3	

MESURES AGRAIRES (perches locales).

Quelque soit le nom de la *chaîne linéaire* dont on se sert pour la mesure des terres (*perche*, *verge*, *corde*, *carreau*, *gaule*, etc.), les tables qui suivent donneront le moyen facile de convertir toutes les anciennes mesures agraires en nouvelles, étant connue la valeur en pieds de l'UNITÉ INFÉRIEURE (*perche*, *verge*, *corde*, *carreau*, *gaule*), et celle de l'UNITÉ SUPÉRIEURE (*arpent*, *acre*, *journal*, *hommée*, *coupée*, etc.), spéciales à la localité.

Ainsi la perche carrée de Bourgogne étant de 9 pieds 6 pouces de longueur, on trouvera au premier coup d'œil que cette mesure équivaut à 9 *centiar.* ou mètres carrés, 52 décimètres carrés et 30 centimètres carrés.

Si le journal de Bourgogne contient 360 perches de 9 pieds 6 pouces — la perche carrée de 9 pieds 6 pouces valant 9 *centiar.* 523.

360 × 9,523 = 3428, 280, ou 34 ares, 28 centiares, 28 décimètres carrés qui exprimeront la valeur nouvelle du journal de Bourgogne.

LA PERCHE LINÉAIRE étant de		LA PERCHE CARRÉE est de	LA PERCHE LINÉAIRE étant de		LA PERCHE CARRÉE est de	LA PERCHE LINÉAIRE étant de		LA PERCHE CARRÉE est de
pi.	po.	centiares.	pi.	po.	centiares.	pi.	po.	centiares.
	»	1. 688		»	2. 638		»	3. 799
	1	1. 760		1	2. 725		1	3. 903
	2	1. 832		2	2. 817		2	4. 013
	3	1. 906		3	2. 908		3	4. 122
	4	1. 981		4	3. 001		4	4. 233
4	5	2. 058	5	5	3. 095	6	5	4. 345
	6	2. 137		6	3. 192		6	4. 458
	7	2. 217		7	3. 288		7	4. 573
	8	2. 298		8	3. 387		8	4. 690
	9	2. 381		9	3. 489		9	4. 808
	10	2. 465		10	3. 591		10	4. 927
	11	2. 551		11	3. 695		11	5. 048

MESURES AGRAIRES (perches locales).

LA PERCHE LINÉAIRE étant de		LA PERCHE CARRÉE est de	LA PERCHE LINÉAIRE étant de		LA PERCHE CARRÉE est de	LA PERCHE LINÉAIRE étant de		LA PERCHE CARRÉE est de
pi.	po.	centiares.	pi.	po.	centiares.	pi.	po.	centiares.
7	»	5. 171	10	»	10. 552	13	»	17. 833
	1	5. 295		1	10. 727		1	18. 063
	2	5. 420		2	10. 902		2	18. 294
	3	5. 546		3	11. 086		3	18. 525
	4	5. 675		4	11. 268		4	18. 759
	5	5. 805		5	11. 451		5	18. 995
	6	5. 936		6	11. 634		6	19. 231
	7	6. 068		7	11. 819		7	19. 469
	8	6. 202		8	12. 004		8	19. 708
	9	6. 338		9	12. 194		9	19. 950
	10	6. 475		10	12. 381		10	20. 194
	11	6. 614		11	12. 574		11	20. 439
8	»	6. 753	11	»	12. 768	14	»	20. 682
	1	6. 895		1	12. 962		1	20. 931
	2	7. 038		2	13. 131		2	21. 179
	3	7. 182		3	13. 355		3	21. 427
	4	7. 328		4	13. 552		4	21. 679
	5	7. 476		5	13. 753		5	21. 932
	6	7. 624		6	13. 955		6	22. 186
	7	7. 775		7	14. 159		7	22. 443
	8	7. 926		8	14. 364		8	22. 700
	9	8. 079		9	14. 568		9	22. 957
	10	8. 234		10	14. 778		10	23. 220
	11	8. 390		11	14. 986		11	23. 481
9	»	8. 547	12	»	15. 195	15	»	23. 742
	1	8. 707		1	15. 407		1	24. 008
	2	8. 867		2	15. 620		2	24. 274
	3	9. 029		3	15. 835		3	24. 529
	4	9. 193		4	16. 052		4	24. 808
	5	9. 358		5	16. 270		5	25. 079
	6	9. 523		6	16. 488		6	25. 351
	7	9. 691		7	16. 710		7	25. 625
	8	9. 860		8	16. 932		8	25. 900
	9	10. 031		9	17. 154		9	26. 178
	10	10. 203		10	17. 380		10	26. 456
	11	10. 377		11	17. 606		11	26. 734

MESURES AGRAIRES (perches locales).

LA PERCHE LINÉAIRE étant de		LA PERCHE CARRÉE est de	LA PERCHE LINÉAIRE étant de		LA PERCHE CARRÉE est de	LA PERCHE LINÉAIRE étant de		LA PERCHE CARRÉE est de
pi.	po.	centiares.	pi.	po.	centiares.	pi.	po.	centiares.
	»	27. 013		»	38. 093		»	51. 072
	1	27. 297		1	38. 316		1	51. 450
	2	27. 582		2	38. 764		2	51. 798
	3	27. 867		3	39. 105		3	52. 245
	4	28. 152		4	39. 440		4	52. 524
16	5	28. 440	19	5	39. 782	22	5	52. 971
	6	28. 728		6	40. 124		6	53. 419
	7	29. 020		7	40. 468		7	53. 813
	8	29. 312		8	40. 812		8	54. 208
	9	29. 590		9	41. 157		9	54. 611
	10	29. 904		10	41. 510		10	55. 014
	11	30. 200		11	41. 859		11	55. 425
	»	30. 495		»	42. 208		»	55. 820
	1	30. 798		1	42. 558		1	56. 229
	2	31. 100		2	42. 908		2	56. 638
	3	31. 402		3	43. 258		3	57. 047
	4	31. 704		4	43. 608		4	57. 456
17	5	32. 010	20	5	43. 975	23	5	57. 865
	6	32. 316		6	44. 345		6	58. 274
	7	32. 625		7	44. 708		7	58. 693
	8	32. 935		8	45. 072		8	59. 113
	9	33. 251		9	45. 435		9	59. 526
	10	33. 562		10	45. 802		10	59. 946
	11	33. 875		11	46. 168		11	60. 363
	»	34. 189		»	46. 535		»	60. 780
	1	34. 508		1	46. 905		1	61. 204
	2	34. 828		2	47. 276		2	61. 628
	3	35. 145		3	47. 650		3	62. 054
	4	35. 467		4	48. 016		4	62. 480
18	5	35. 791	21	5	48. 396	24	5	62. 909
	6	36. 115		6	48. 777		6	63. 339
	7	36. 445		7	49. 151		7	63. 775
	8	36. 772		8	49. 525		8	64. 208
	9	37. 102		9	49. 911		9	64. 643
	10	37. 432		10	50. 298		10	65. 079
	11	37. 762		11	50. 685		11	65. 515

MESURES AGRAIRES (perches locales).

LA PERCHE LINÉAIRE étant de		LA PERCHE CARRÉE est de	LA PERCHE LINÉAIRE étant de		LA PERCHE CARRÉE est de	LA PERCHE LINÉAIRE étant de		LA PERCHE CARRÉE est de
pi.	po.	centiares.	pi.	po.	centiares.	p.	po.	centiares.
	»	65. 950		»	71. 331		»	76. 925
	1	66. 395		1	71. 786		1	77. 401
	2	66. 840		2	72. 243		2	77. 878
	3	67. 284		3	72. 704		3	78. 363
	4	67. 728		4	73. 177		4	78. 832
25	5	68. 172	26	5	73. 633	27	5	79. 316
	6	68. 616		6	74. 102		6	79. 800
	7	69. 068		7	74. 569		7	80. 288
	8	69. 520		8	75. 036		8	80. 777
	9	69. 975		9	75. 514		9	81. 266
	10	70. 425		10	75. 980		10	81. 756
	11	70. 878		11	76. 452		11	82. 246

Si l'unité de la mesure qu'on veut convertir en centiares était composée de quelques subdivisions du pouce, c'est-à-dire de quelques lignes, voici un moyen d'en trouver la valeur décimale :

Soit une valeur de 13 pi. 6 po. 6 lig. *à convertir en centiares*, ce nombre n'est pas dans nos tables ; — mais ce nombre étant doublé,

$$11 \text{ pieds } 1 \text{ pouce } = 12 \text{ centiares } 962,$$
donc   5 pi. 6 po. 6 lig. égalera 6   »   481 ou la moitié.

Si la mesure locale contient un certain nombre de pieds dont la longueur n'est pas celle du pied d'ordonnance (on sait que le pied n'était pas partout le même : il contenait 10, 11 ou 12 pouces, et les pouces offraient aussi la même diversité), il est facile de savoir combien cette mesure locale contient de longueur en pieds et pouces d'ordonnance, puisque la valeur de l'une et de l'autre mesure nous est connue.

APPLICATIONS DES TABLES.

DES MESURES DE SURFACE.

Les chiffres a gauche de la virgule expriment l'unité, ceux a droite les parties de l'unité.

On ne doit pas oublier que la première décimale, après les mètres carrés, représente des dixièmes et non des décimètres carrés ; la seconde des centièmes et non des centimètres carrés ; — un dixième de mètre carré vaut 10 décimètres carrés ; un centième de mètre carré vaut 100 centimètres carrés.

Pour énoncer partiellement les décimales des mesures de superficie, on doit les considérer par tranches de deux chiffres ; — alors les deux premiers chiffres représenteront des décimètres carrés, les deux suivants des centimètres carrés, etc.

Pour obtenir un rapport 10 fois, 100 fois, 1000 fois, etc., plus grand que l'un des neuf premiers multiples, il suffira d'avancer la virgule d'un, de deux ou de trois rangs vers la droite ; et semblablement pour obtenir le rapport d'un nombre 10 fois, 100 fois, 1000 fois plus faible, il suffira de reculer la virgule d'un, de deux ou de trois rangs vers la gauche, en ayant soin de représenter par des zéros chaque espèce d'unité qui manque.

Que le rapport à chercher soit la transformation d'une ancienne mesure de surface en nouvelle et réciproquement, ou le prix comparatif de l'une connaissant celui de l'autre, nos tables en donnent également la solution.

EXERCICES.

MESURES DE SUPERFICIE PROPREMENT DITES.

PROBLÈME Ier. *Convertir* 18 *toises carrées en mètres carrés.*

$$
\begin{array}{lccll}
10 \text{ toises carrées (pag. 36)} & = & 37^{m.c.} & 98744 \\
8 \quad\quad \text{»} \quad\quad \text{»} & = & 30 & 38995 \\
\hline
\text{donc } 18 \text{ toises.} \ldots\ldots\ldots\ldots & = & 68 & 37739 \\
\end{array}
$$

D'où l'on voit que si le prix du mètre carré était de 18 fr., celui de la toise carrée serait de 68 fr. 38.

II. *Convertir* 18 *mètres carrés en toises carrées.*

$$
\begin{array}{lcll l cccc}
10 \text{ mètres carrés (page 36)} & = & 2^{te} & 632494, \text{ ou bien} & 2^{te} & 22^{pic} & 110^{poc} & 89^{lc} \\
8 \quad \text{»} \quad \text{»} & = & 2 & 105995 & 2 & 3 & 117 & 43 \\
\hline
\text{donc } 10 \quad \text{»} \quad \text{»} & & 4 & 738489 & 4 & 26 & 83 & 132 \\
\end{array}
$$

III. *La toise carrée d'ouvrage coûtant* 56 *fr.* 40 *c.*, *combien coûtera le mètre carré ?*

$$
\begin{array}{llcccccll}
50 \text{ fr., prix de la toise carrée, vaut relativ}^t \text{ à celui du mètre (p. 36)} & & & & & & & 13 \text{ f.} & 16 \text{ c.} \\
6 \quad\quad \text{»} \quad \text{»} \quad \text{»} \quad \text{»} \quad \text{»} & & & & & & & 1 & 58 \\
0 \quad 40 \quad \text{»} \quad \text{»} \quad \text{»} \quad \text{»} \quad \text{»} & & & & & & & 0 & 11 \\
\hline
\text{donc } 56 \text{ fr.} 40 \quad \text{»} \quad \text{»} \quad \text{»} \quad \text{»} \quad \text{»} & & & & & & & 14 & 85 \\
\end{array}
$$

La même opération, sur la table inverse, reproduirait le premier terme de comparaison, c'est-à-dire que si le mètre carré coûte 14 fr. 85, la toise carrée doit coûter 56 fr. 40.

Lorsqu'il se trouve plus de deux décimales, il suffit de prendre les deux premières pour avoir des centimes, en observant de les augmenter d'une unité, si le chiffre suivant excède 5.

Si le prix connu de la toise ou du mètre n'est pas un nombre rond , et qu'il y ait des centimes, on agit comme si c'étaient des nombres entiers d'après la règle générale, puis on divise le résultat obtenu par 100, en séparant les deux derniers chiffres par une virgule.

IV. *Trouver la valeur de 75 centimètres en pouces carrés.*

70 centimètres carrés (pag. 38) =	9^{poc} 553	ou 9^{poc} 79$^{lig\ c}$
5	»	» =	0	682	»	98
donc 75	»	valent	10	235	10	33

MESURES AGRAIRES.

PROBLÈME I. *Trouver la valeur d'1, de 10, de 100 ares en perches de Paris ou de 18 pieds.*

$$1^A = 2^p.\ 925$$
$$10^A = 29.\ 25$$
$$100^A = 292.\ 50$$

II. *Convertir 54 hectares en arpents de Paris.*

50 hectares valent (pag. 43)	146^{arp} 247
4	»	»	11	700
donc 54	»	»	157	947

III. *L'arpent de terrain (de 22 pieds) coûte 120 fr., combien doit coûter l'hectare ?*

Si l'arpent coûtait 100 fr., l'hectare coûterait (pag. 42) 195 fr. 80 c.
» 20 » » 39 16
donc l'arpent coûtant 120 fr., l'arpent coûtera. . . . . 234 fr. 96 c.

Si l'on désirait savoir combien 234 arp. 95 perch. valent d'hectares, nous reproduirions nécessairement 120.

En effet, 200 arpents valent (pag. 42) 102^{hect} 14^a,

      30 » » 15 32

      4 » » 2 04

      0 90 » » 0 46

      0 6 » » 0 03

donc 234^{arp} 96^{perch} équivalent à 119^{hect} 99^a, erreur de 1/100e d'are en moins pour les décimales négligées.

Avant de passer au troisième chapitre des *Mesures de solidité*, nous donne-rons ici un tableau qui sera d'une grande utilité aux notaires, aux personnes qui ont à opérer pour l'arpentage, aux entrepreneurs de bâtiments et autres. Ce tableau présente les *carrés* et les *cubes*, depuis I jusqu'à 100, ainsi que la *circonférence* et la *surface des cercles*. — Le rapport des carrés, cubes et cercles est en regard des nombres simples.

TABLEAU

Donnant les rapports des Nombres simples en carrés, cubes et cercles, depuis 1 jusqu'à 50.

COTÉ du DIAM.	SURFACE du CARRÉ.	SOLIDITÉ du CUBE.	CIRCONFÉRENCE du CERCLE.	SURFACE du CERCLE.	COTÉ du DIAM.	SURFACE du CARRÉ.	SOLIDITÉ du CUBE.	CIRCONFÉRANCE du CERCLE.	SURFACE du CERCLE.
1	1	1	3.142	0.785	26	676	17576	81.681	530.029
2	4	8	6.283	3.142	27	729	19683	84.823	572.554
3	9	27	9.425	7.069	28	784	21952	87.965	615.752
4	16	64	12.566	12.566	29	841	24389	91.106	660.520
5	25	125	15.708	19.635	30	900	27000	94.248	706.858
6	36	216	18.850	28.274	31	961	29791	97.389	754.768
7	49	343	21.991	38.485	32	1024	32768	100.531	804.248
8	64	512	25.143	50.265	33	1089	35937	103.673	855.297
9	81	729	28.274	63.617	34	1156	39304	106.814	907.920
10	100	1000	31.416	78.540	35	1225	42875	109.956	962.114
11	121	1331	34.558	95.033	36	1296	46656	113.097	1017.875
12	144	1728	37.699	113.097	37	1369	50653	116.239	1075.210
13	169	2197	40.841	132.732	38	1444	54872	119.381	1134.115
14	196	2744	43.982	153.938	39	1521	59319	122.522	1194.590
15	225	3375	47.124	176.715	40	1600	64000	125.664	1256.637
16	256	4096	50.265	201.062	41	1681	68921	128.805	1320.254
17	289	4913	53.407	226.980	42	1764	74088	131.947	1385.442
18	324	5832	56.549	254.469	43	1849	79507	135.089	1452.201
19	361	6859	59.690	283.529	44	1936	85184	138.230	1520.529
20	400	8000	62.832	314.159	45	2025	91125	141.372	1590.435
21	441	9261	65.973	346.361	46	2116	97336	144.513	1661.903
22	484	10648	69.115	380.132	47	2209	103823	147.655	1734.945
23	529	12167	72.257	415.476	48	2304	110592	150.796	1809.558
24	576	13824	75.398	452.389	49	2401	117649	153.938	1885.741
25	625	15625	78.540	490.874	50	2500	125000	157.080	1963.495

TABLEAU

Donnant les rapports des Nombres simples en carrés, cubes et cercles, depuis 50 jusqu'à 100.

COTÉ du DIAM.	SURFACE du CARRÉ.	SOLIDITÉ du CUBE.	CIRCONFÉRENCE du CERCLE.	SURFACE du CERCLE.	COTÉ du DIAM.	SURFACE du CARRÉ.	SOLIDITÉ du CUBE.	CIRCONFÉRENCE du CERCLE.	SURFACE du CERCLE.
51	2601	132651	160.221	2042.820	76	5776	438976	238.761	4536.458
52	2704	140608	163.363	2123.715	77	5929	456933	241.903	4656.620
53	2809	148877	166.504	2206.184	78	6084	474552	245.044	4778.361
54	2916	157464	169.646	2290.217	79	6241	493039	248.186	4901.661
55	3025	166375	172.788	2375.823	80	6400	512000	251.327	5026.541
56	3136	175616	175.929	2463.009	81	6561	531441	254.469	5153.009
57	3249	185193	179.071	2551.758	82	6724	551368	257.611	5281.018
58	3364	195112	182.212	2642.080	83	6889	571787	260.752	5410.599
59	3481	205179	185.354	2733.971	84	7056	592704	263.894	5541.770
60	3600	216000	188.496	2827.433	85	7225	614125	267.035	5674.501
61	3721	226981	191.637	2922.466	86	7396	636056	270.177	5808.805
62	3844	238328	194.779	3019.071	87	7569	658503	273.319	5944.679
63	3969	250047	197.920	3117.245	88	7744	681472	276.460	6082.115
64	4096	262144	201.062	3216.992	89	7921	704969	279.602	6221.134
65	4225	274625	204.204	3318.307	90	8100	729000	282.743	6361.720
66	4356	287496	207.345	3421.186	91	8281	753571	285.885	6503.877
67	4489	300763	210.487	3525.652	92	8464	778688	289.027	6647.610
68	4624	314432	213.628	3631.681	93	8649	804357	292.168	6792.909
69	4761	328509	216.770	3739.281	94	8836	830584	295.310	6939.780
70	4900	343000	219.911	3848.451	95	9025	857375	298.451	7088.217
71	5041	357911	223.053	3959.192	96	9216	884736	301.593	7238.232
72	5184	373248	226.195	4071.501	97	9409	912673	304.735	7389.812
73	5329	389017	229.336	4185.387	98	9604	941192	307.876	7542.964
74	5476	405224	232.478	4300.840	99	9801	970299	311.018	7697.681
75	5625	421875	235.619	4417.866	100	10000	1000000	314.159	7853.975

CHAPITRE TROISIÈME.

MESURES DE SOLIDITÉ ou CUBIQUES

POUR LES BOIS DE CHAUFFAGE ET DE CHARPENTE.

NOMENCLATURE DU SYSTÈME LÉGAL.

* *Myriastère*	10,000˙
* *Kilostère.*	1,000
* *Hectostère.*	100
DÉCASTÈRE. . . .	10
Demi-décastère. . .	5
Double stère. . . .	2
STÈRE	1 C'est un mètre cube.
DÉCISTÈRE	0,1 C'est à peu près la solive de 3 pieds cubes.
* *Centistère.*	0,01
* *Millistère.*	0,001 décimètre cube.

Un solide est un corps qui a trois dimensions : longueur, largeur, hauteur ou profondeur.

Mesurer la solidité d'un objet, c'est le comparer à un autre solide pris pour unité. L'opération de mesurer la solidité, ou plutôt le volume des corps, se nomme *cubature*. Toutes les mesures de volume sont donc des cubes comme la toise cube, le mètre cube, etc., ou sont composées d'unités cubiques. Si un bloc de marbre a 25 décimètres cubes, je me fais une idée exacte de son volume, si je connais celle du décimètre cube, puisque je sais qu'elle renferme 25 fois un *décimètre cube*.

(*) Les noms précédés d'un astérique sont rarement usités.

La géométrie indique les moyens de ramener la mesure de la plupart des volumes à la mesure des cubes. La forme d'un cube est celle d'un dé à jouer ; c'est une figure à six côtés égaux. — Un cube est connu quand on connaît l'un de ses côtés, que l'on nomme *arête*. Il suffit de multiplier deux fois de suite par lui-même le nombre d'unités contenues dans l'arête.

Si, par exemple, on prend pour unité de volume celui du cube qui a pour arête 1 mètre, le cube qui aura pour arête 12 mètres contiendra 12 fois 12 fois 12, ou 1728 unités de volume.

Si le mètre cube est appliqué au mesurage du bois de chauffage, il se nomme STÈRE, et comme cette mesure n'est employée que sur des corps de peu de valeur, on ne se sert que de l'unité principale et quelquefois du DÉCISTÈRE et du DÉCASTÈRE ; l'ordonnance royale du 16 juin 1839 admet aussi l'usage du demi-décastère (5 *stères*) et du double stère (2 *stères*) ; dans tous les autres cas, pour le mesurage des bois de charpente ou de construction, les ouvrages d'architecture ou de maçonnerie, etc., il conserve les divisions multiples et sous-multiples du mètre.

Ainsi, un solide, dont l'arête a 1 millimètre, se nomme 1 millimètre cube.

Un solide, dont l'arête a 1 centimètre, se nomme 1 centimètre cube, et vaut 1000 millimètres cubes.

Un solide, dont l'arête a 1 décimètre, se nomme 1 décimètre cube, et vaut 1000 centimètres cubes.

Le rapport n'est donc plus ici de 1 à 10 ni de 1 à 100, mais bien de 1 à 1000.

Ainsi   1 mètre cube vaut 1000 décimètres cubes.
        1 décim.   »   1000 centimètres cubes.
        1 centim.   »   1000 millimètres cubes.

Il suit de là que, pour écrire 10 *mètres cubes*, 25 *décimètres cubes*, 7 *centimètres cubes*, il faudra placer de gauche à droite, à la suite les uns des autres, ces nombres qui expriment ces différentes espèces d'unités, de manière que chacune compose une tranche de trois chiffres 010, 025, 007, ou simplement $10^{m.c.}$, 025007.

On devra donc avoir soin, en écrivant en nombre décimal un volume contenant diverses espèces d'unités métriques, d'ajouter un ou deux zéros pour compléter la tranche, et de remplacer par une tranche de trois zéros chaque espèce d'unité qui manquerait.

NOMENCLATURE DU SYSTÈME ANCIEN.

MESURES GÉNÉRALES DE SOLIDITÉ.

I° MESURES DE SOLIDITÉ (*proprement dites*).

Toise cube contenant   216 pieds cubes.
Pied cube   »   1728 pouces cubes.
Pouce cube   »   1728 lignes cubes.
Ligne cube (1)   »   1728 points cubes.

La toise-cube contenant 6 toise-toise-pieds.

La toise-toise-pieds égalait   36   pieds cubes.
La toise-toise-pouces .   .   3   pieds cubes.
La toise-toise-lignes. .   .   1/4   pied cube ou 432 pouces cubes.
La toise-toise-points .   .   1/48 pied cube ou   36 pouces cubes.

2° BOIS DE CHAUFFAGE.

La voie de Paris contenant 4 pieds de *couche* et 4 de *hauteur*, la bûche ayant 3 pieds 6 pouces de longueur (à peu près 2 stères) valait 56 pieds cubes.

La corde des eaux et forêts ou d'ordonnance était de 8 pieds de *couche* et 4 de *hauteur*, la bûche ayant 3 pieds 6 pouces de longueur ; elle était le double de la voie de Paris et cubait 112 pieds.

La corde dite *grand bois* portait 8 pieds de *couche* et 4 de *hauteur*, la bûche ayant 4 pieds de longueur ; elle cubait 128 pieds.

La corde de port était de 5 pieds de *hauteur* sur 8 de *couche*, la longueur de la bûche était de 3 pieds 6 pouces ; elle cubait 140 pieds.

3° BOIS DE CHARPENTE.

La solive était une pièce de bois de charpente équivalant à 3 pieds cubes. Ce bois se vendait au cent de pièces ou solives ; le calcul décimal a substitué le décistère, dixième du stère ou mètre cube, à la solive.

---

(1) Cette dernière division, presque imperceptible, était peu d'usage.

MESURES DES BOIS.

Les bois de charpente reçoivent différentes dénominations selon leur forme et dimension. Voici les principales :

1° *Bois en grume*, c'est l'arbre abattu et ébranché, mais non équarri.

2° La *poutre* de bois d'*échantillon*. c'est l'arbre équarri de première grosseur, et propre à faire de belles pièces pour la marine ou la charpente.

3° Le *bois bâtard* ou *solive*, pièce de bois carrée ou de grosseur moyenne.

4° Le *bois mi-plat*, moirs épais que large, bois de sciage ou planche.

Les mesures adoptées pour le cubage des bois sont, pour le gouvernement, le stère, mais les particuliers ont conservé quelques mesures anciennes dont les plus utiles sont :

La *pièce* ou *solive* qui vaut 3 pieds cubes, et représente un morceau de bois d'un pied cube d'équarrissage sur 3 pieds de long, ou mieux une pièce de bois de 6 pieds de longueur sur 72 pouces de tour. La pièce équivaut à 3, 184 pouces cubes; 1 pouce réduit, c'est 72 pouces cubes de bois; 1 ligne réduite, 72 lignes cubes.

La *cheville* vaut 12 pouces cubes, et est contenue 432 fois dans la pièce.

La *somme* vaut 8 pièces ou 24 pieds cubes, 3,456 chevilles et 41,472 pouces cubes.

La *pièce* vaut exactement 0, 1028 stères, c'est-à-dire 1 décistère et 28 millièmes de décistère, ou fort à peu près 1 décistère.

Le *stère* équivaut à 9 pièces 2/3.

Pour cuber le bois en grume, on cherche d'abord la circonférence moyenne en mesurant avec un cordeau le tour de l'arbre, un peu au-dessus des racines et au-dessous des branches ; additionnant les deux quantités trouvées, la moitié du produit est la circonférence moyenne. Dans l'usage, on mesure la longueur du morceau, et on prend d'un seul coup la circonférence en passant le ficelle au milieu.

L'usage a conservé trois principales manières de déterminer le cube ou équarrissage des bois en grume, soit au quart de la circonférence, soit au sixième ou au cinquième déduit.

CONVERSION DES ANCIENNES ET NOUVELLES MESURES
DE SOLIDITÉ.

Pour convertir un cube, il faut d'abord convertir le côté de ce cube, puis multiplier le résultat trouvé deux fois par lui-même.

La toise linéaire en mètres valant (pag. 18) 1^m94904 le cube de ce nombre, c'est-à-dire 7,4039, sera la valeur de la toise cube en mètres cubes.

Le mètre linéaire en toises valant $0^t513074$, le cube de ce nombre, c'est-à-dire 0,13506, sera la valeur du mètre cube en toise cube.

Il sera facile de déduire de cette valeur celle du décimètre cube, qui en est la 1000ᵉ partie ; celle du centimètre cube, qui est la 1000ᵉ partie de celle-ci, et celle du millimètre cube, qui est la 1000ᵉ partie de cette dernière.

Si la mesure de volume à convertir est un composé de cubes, comme la corde des eaux et forêts, qui contient 112 pieds cubes, on convertit le cube élémentaire, et l'on en multiplie la valeur par le nombre qui exprime combien de fois il est contenu dans la mesure dont il s'agit.

RAPPORTS GÉNÉRAUX

des anciennes Mesures de solidité aux nouvelles.		*des nouvelles Mesures de solidité aux anciennes.*	
1 toise cube en mètres cubes. . . =	7,403888	1 mètre cube en toises cubes. . . =	0,1350642
1 pied cube en décim. cubes. . . =	34,277255	1 décim. cube en pieds cubes. . . =	0,0291739
1 pouce cube en centim. cubes. . =	19,836374	1 centim. cube en pouces cubes. =	0,0504124
1 ligne cube en mill. cubes. . . . =	11,479383	1 millim. cube en lignes cubes. . =	0,0871127
1 toise-toise-pieds en mètres cubes =	1,233981	. . . .	
1 toise-toise-pouces en *id.* =	0,102832	. . . .	
1 toise-toise-lignes en *id.* =	0,008569	. . . .	
1 toise-toise-points en *id.* =	0,000714	. . . .	
1 corde d'ordonnance en stères. . =	3,839000	1 stère en cordes d'ordonnance. . =	0,2604845
1 solive en décistères. . . . . . . =	1,028318	1 décistère en solives. . . . . . . =	0,9724612

MESURES GÉNÉRALES DE SOLIDITÉ.

MESURES DE SOLIDITÉ (générales).

NOMBRES à comparer.						TOISES CUBES (216 pieds c.) en mètres cubes.							MÈTRES CUBES (1000 décim. cubes) en toises cubes.							
1	2	3	4	5	6	1	2	3	4	5	6	7	1	2	3	4	5	6	7	8
1,	0	0	0	0	0	»7,	4	0	3	8	8	8	0,	1	3	5	0	6	4	2
2,	0	0	0	0	0	14,	8	0	7	7	7	6	0,	2	7	0	1	2	8	3
3,	0	0	0	0	0	22,	2	1	1	6	6	4	0,	4	0	5	1	9	2	5
4,	0	0	0	0	0	29,	6	1	5	5	5	2	0,	5	4	0	2	5	6	7
5,	0	0	0	0	0	37,	0	1	9	4	4	1	0,	6	7	5	3	2	0	8
6,	0	0	0	0	0	44,	4	2	3	3	2	9	0,	8	1	0	3	8	5	0
7,	0	0	0	0	0	51,	8	2	7	2	1	7	0,	9	4	5	4	4	9	2
8,	0	0	0	0	0	59,	2	3	1	1	0	5	1,	0	8	0	5	1	3	4
9,	0	0	0	0	0	66,	6	3	4	9	9	3	1,	2	1	5	5	7	7	5

60 toises cubes = 444 m.c. 233 290 ou 233 décimètres cubes 290 centimètres cubes.

$$\begin{array}{lll} 60\ \text{m.c.} & = 8\ \text{t.c.} & 103850 \\ 4 & = 0 & 540257 \\ \hline 64\ \text{m.c.} & = 8\ \text{t.c.} & 644107 \end{array}$$

; en multipliant ces décimales par 216, et retranchant les quatre derniers chiffres, on aurait des pieds cubes.

Rapport du Mètre cube à la *Toise* cube et à ses subdivisions.

mètres cubes.	toises cubes.	pieds cubes.	pouces cubes.	lignes cubes.	mètres cubes.	toises cubes.	pieds cubes.	pouces cubes.	lignes cubes.	mètres cubes.	toises cubes.	pieds cubes.	pouces cubes.	lignes cubes.
1	0	29	300	757	20	2	151	824	1307	300	40	112	275	600
2	0	58	600	1513	30	4	11	373	233	400	54	5	843	224
3	0	87	901	542	40	5	86	1649	886	500	67	114	1610	1576
4	0	116	1201	1298	50	6	162	1197	1540	600	81	8	550	1200
5	0	145	1502	327	60	8	22	746	466	700	94	117	1118	824
6	0	175	74	1083	70	9	98	294	1119	800	108	10	1686	448
7	0	204	375	112	80	10	173	1571	44	900	121	120	824	72
8	1	17	675	869	90	12	33	1119	698	1000	135	13	1493	1424
9	1	46	975	1625	100	13	109	667	1352					—
10	1	75	1276	654	200	17	2	1335	976					

MESURES DE SOLIDITÉ (générales).

NOMBRES à comparer.	PIEDS CUBES (1728 po. c.) en décimètres cubes.	DÉCIMÈTRES CUBES (1000 déc. c. = 1 m. c.) en pieds cubes.	
1 2 3 4 5 6	1 2 3 4 5 6	1 2 3 4 5 6 7 8	100 pi. c. = 3427 déc. c. 727 centimètres cubes, puisque 1000 décim. c. valent un mètre cube, 100 pi. c. en mètres cubes égaleront 3. 427 727.
1, 0 0 0 0 0	» 3 4, 2 7 7 2 7	0, 0 2 9 1 7 3 9	
2, 0 0 0 0 0	» 6 8, 5 5 4 5 4	0, 0 5 8 3 4 7 7	
3, 0 0 0 0 0	1 0 2, 8 3 1 8 1	0, 0 8 7 5 2 1 6	
4, 0 0 0 0 0	1 3 7, 1 0 9 0 8	0, 1 1 6 6 9 5 5	100 déc. c. = 2 pi. c. 91739 ; en multipliant les décimales par 1728 et retranchant les quatre derniers chiffres, on aurait des pouces cubes.
5, 0 0 0 0 0	1 7 1, 3 8 6 3 5	0, 1 4 5 8 6 9 3	
6, 0 0 0 0 0	2 0 5, 6 6 3 6 2	0, 1 7 5 0 4 3 1	
7, 0 0 0 0 0	2 3 9, 9 4 0 8 9	0, 2 0 4 2 1 7 0	
8, 0 0 0 0 0	2 7 4, 2 1 8 1 6	0, 2 3 3 3 9 0 9	
9, 0 0 0 0 0	3 0 8, 4 9 5 4 3	0, 2 6 2 5 6 4 8	

NOMBRES à comparer.	POUCES CUBES (1728 lig. c.) en centimètres cubes.	CENTIMÈTRES CUBES (1000 centi. c. = 1 déc. c.) en pouces cubes.	
1 2 3 4 5 6	1 2 3 4 5 6	1 2 3 4 5 6 7 8	900 po. c. = en centimètres c. . 17852. 737 _id_ = mille fois moins en décim. c. 17. 852737 _id._ = mille fois moins en mètres c. 0. 017852
1, 0 0 0 0 0	» 1 9, 8 3 6 3 9	0, 0 5 0 4 1 2 4	
2, 0 0 0 0 0	» 3 9, 6 7 2 7 5	0, 1 0 0 8 2 4 8	
3, 0 0 0 0 0	» 5 9, 5 0 9 1 2	0, 1 5 1 2 3 7 2	
4, 0 0 0 0 0	» 7 9, 3 4 5 5 0	0, 2 0 1 6 4 9 7	900 centim. c. = 45 po. c. 57117 ; en multipliant ces décimales par 1728 et retranchant quatre chiffres, on aurait des lignes cubes.
5, 0 0 0 0 0	» 9 9, 1 8 1 8 7	0, 2 5 2 0 6 2 1	
6, 0 0 0 0 0	1 1 9, 0 1 8 2 5	0, 3 0 2 4 7 4 5	
7, 0 0 0 0 0	1 3 8, 8 5 4 6 2	0, 3 5 2 8 8 6 9	
8, 0 0 0 0 0	1 5 8, 6 9 1 0 0	0, 4 0 3 2 9 9 3	
9, 0 0 0 0 0	1 7 8, 5 2 7 3 7	0, 4 5 3 7 1 1 7	

MESURES DE SOLIDITÉ (générales).

NOMBRES à comparer.	TOISE-TOISE PIEDS (36 pieds cubes) en mètres cubes.	TOISE-TOISE POUCES (3 pouces cubes) eu mètres cubes.	
1 2 3 4 5 6	1 2 3 4 5 6 7	1 2 3 4 5 6 7 8	
1, 0 0 0 0 0	» 1, 2 3 3 9 8 1	0, 1 0 2 8 3 1 8	
2, 0 0 0 0 0	» 2, 4 6 7 9 6 2	0, 2 0 5 6 6 3 6	
3, 0 0 0 0 0	» 3, 7 0 1 9 4 4	0, 3 0 8 4 9 5 3	1 toise-toise-pieds = 1 m. c., 233 déc. c., 981 cent. c.
4, 0 0 0 0 0	» 4, 9 3 5 9 2 5	0, 4 1 1 3 2 7 1	
5, 0 0 0 0 0	» 6, 1 6 9 9 0 6	0, 5 1 4 1 5 8 9	
6, 0 0 0 0 0	» 7, 4 0 3 8 8 8	0, 6 1 6 9 9 0 7	1 toise-toise-pouces = 0 , 102 , 832
7, 0 0 0 0 0	» 8, 6 3 7 8 6 9	0, 7 1 9 8 2 2 5	
8, 0 0 0 0 0	» 9, 8 7 1 8 5 1	0, 8 2 2 6 5 4 2	
9, 0 0 0 0 0	1 1, 1 0 5 8 3 2	0, 9 2 5 4 8 6 0	

NOMBRES à comparer.	TOISE-TOISE LIGNES (432 pouces cubes) en mètres cubes.	TOISE-TOISE POINTS (36 pouces cubes) en mètres cubes.	
1 2 3 4 5 6	1 2 3 4 5 6 7 8	1 2 3 4 5 6 7 8	
1, 0 0 0 0 0	0, 0 0 8 5 6 9 3	0, 0 0 0 7 1 4 1	
2, 0 0 0 0 0	0, 0 1 7 1 3 8 6	0, 0 0 1 4 2 8 2	
3, 0 0 0 0 0	0, 0 2 5 7 0 7 9	0, 0 0 2 1 4 2 3	1 toise-toise-lignes = 0 m. c., 8 déc. c., 569 cent. c.
4, 0 0 0 0 0	0, 0 3 4 2 7 7 3	0, 0 0 2 8 5 6 4	
5, 0 0 0 0 0	0, 0 4 2 8 4 6 9	0, 0 0 3 5 7 0 5	
6, 0 0 0 0 0	0, 0 5 1 4 1 5 9	0, 0 0 4 2 8 4 7	1 toise-toise-points = 0 0 714
7, 0 0 0 0 0	0, 0 5 9 9 8 5 2	0, 0 0 4 9 9 8 8	
8, 0 0 0 0 0	0, 0 6 8 5 5 4 5	0, 0 0 5 7 1 2 9	
9, 0 0 0 0 0	0, 0 7 7 1 2 3 8	0, 0 0 6 4 2 7 0	

MESURES DE SOLIDITÉ (1° Bois de chauffage ; 2° Bois de charpente).

NOMBRES à comparer.	CORDES DES EAUX ET FORÊTS (8 pi. de couche, 4 de haut., et les bûches de 3 pi. 6 po. de longueur) en stères.	STÈRES (1 mètre cube) en cordes d'ordonnance.
1,0 0 0 0 0	» 3,8 3 9 0 0 0	0,2 6 0 4 8 4 5
2,0 0 0 0 0	» 7,6 7 8 1 0 0	0,5 2 0 9 6 9 0
3,0 0 0 0 0	1 1,5 1 7 1 0 0	0,7 8 1 4 5 3 6
4,0 0 0 0 0	1 5,3 5 6 2 0 0	1,0 4 1 9 3 8 1
5,0 0 0 0 0	1 9,1 9 5 2 0 0	1,3 0 2 4 2 2 6
6,0 0 0 0 0	2 3,0 3 4 3 0 0	1,5 6 2 9 0 7 1
7,0 0 0 0 0	2 6,8 7 3 3 0 0	1,8 2 2 3 9 1 7
8,0 0 0 0 0	3 0,7 1 2 4 0 0	2,0 8 2 8 7 6 2
9,0 0 0 0 0	3 4,5 5 1 4 0 0	2,3 4 3 3 6 0 7

La voie de Paris étant exactement la moitié de la corde d'ordonnance, on pourra se servir des deux tableaux ci-joints pour la conversion des voies de Paris en stères et réciproquement, en prenant la moitié du nombre correspondant au nombre à comparer.

1 corde d'ordonnance en stères = 3. 839
1 voie de Paris en stères . . = 1. 919

NOMBRES à comparer.	ANCIENNES SOLIVES (3 pieds cubes) en décistères.	DÉCISTÈRES (1/10 du stère ou m. c.) en anciennes solives.
1,0 0 0 0 0	1,0 2 8 3 1 8 1	0,9 7 2 4 6 1 2
2,0 0 0 0 0	2,0 5 6 6 3 6 2	1,9 4 4 9 2 2 5
3,0 0 0 0 0	3,0 8 4 9 5 4 3	2,9 1 7 3 8 3 7
4,0 0 0 0 0	4,1 1 3 2 7 2 4	3,8 8 9 8 4 5 0
5,0 0 0 0 0	5,1 4 1 5 9 0 5	4,8 6 2 3 0 6 2
6,0 0 0 0 0	6,1 6 9 9 0 8 6	5,8 3 4 7 6 7 5
7,0 0 0 0 0	7,1 9 8 2 2 6 7	6,8 0 7 2 2 8 7
8,0 0 0 0 0	8,2 2 6 5 4 4 8	7,7 7 9 6 9 0 0
9,0 0 0 0 0	9,2 5 4 8 6 2 9	8,7 5 2 1 5 1 2

1 solive ancienne = 1 décistère 3 centièmes.
3 décistères = 2 solives 92 centièmes.
Si le prix de la solive ancienne était de 3 fr., celui du décistère serait de 3 fr. 08 cent.

APPLICATIONS DES TABLES.

DES MESURES DE SOLIDITÉ.

Les chiffres a gauche de la virgule expriment l'unité, ceux a droite les parties de l'unité.

La 1re décimale exprime des dixièmes, la 2e des centièmes, la 3e des milièmes de l'unité principale.

On ne doit pas oublier que la première décimale, après les mètres cubes, représente des dixièmes et non des décimètres cubes ; la seconde des centièmes et non des centimètres cubes : — un dixième de mètre cube vaut 100 décimètres cubes ; un centième de mètre cube vaut 10,000 centimètres cubes.

Pour énoncer partiellement les décimales des mesures de superficie, on doit les considérer par tranches de trois chiffres ; — alors les trois premiers chiffres représenteront des décimètres cubes, les deux suivants des centimètres cubes, etc.

Ainsi pour obtenir le rapport d'un nombre 10 fois, 100 fois, 1000 fois, etc., plus grand que l'un des neuf premiers nombres, il suffira d'avancer la virgule d'un, de deux ou de trois rangs vers la droite ; et semblablement pour obtenir le rapport d'un nombre 10 fois, 100 fois, 1000 fois plus faible, il suffira de reculer la virgule d'un, de deux ou de trois rangs vers la gauche, en ayant soin de représenter par des zéros les unités qui manquent.

Que le rapport à chercher soit la transformation d'une ancienne mesure de surface en nouvelle et réciproquement, ou le prix comparatif de l'une connaissant celui de l'autre, nos tables en donnent également la solution.

EXERCICES.

Mesures de solidité.

Problème I. *Réduire* 586 *toises cubes en mètres cubes.*

500 toises cubes (pag. 64) font 3701,944 mètres cubes.

80	592,311
6	44,4233
donc 586	4338,6783

II. *Combien* **215** *pieds cubes valent-ils de décimètres cubes ?*

200 pieds cubes (pag. 65) font 6855,45 décimètres cubes.
   10 342,773
    5 171,3863
____
donc 215 7369,6093

(Ainsi 215 pieds cubes valent 7369, 61 décimètres cubes à très peu près.

Si on veut la même solidité en mètres cubes , il faut se rappeler que le décimètre cube est la 1000ᵉ partie du mètre cube : ainsi, en divisant par 1000, ou en avançant la virgule de trois places vers la gauche, la même solidité pourra s'exprimer par 7,36961 mètres cubes.

Pareillement, si on réduit des pouces cubes en centimètres cubes, on pourrait les convertir en mètres cubes, en transportant la virgule à six places plus avancées vers la gauche, parce que le centimètre cube est la millionième partie du mètre cube.)

PRIX COMPARATIF.

La toise cube valant 20 fr., le mètre cube vaudra (pag. 64) 2 fr. 70.
Le pied   »   5 fr., le décim.   »   (» 65) 0   15.
Le pouce   »   »   50 c. le centim.   »   (» 65) 0   03.

CHAPITRE QUATRIÈME.

MESURES DE CAPACITÉ
OU DE CONTENANCE.

MATIÈRES SÈCHES ET LIQUIDES.

NOMENCLATURE DU SYSTÈME LÉGAL.

		Pour les Matières sèches (boisselerie). hauteur et diamètre en millimètres.		Pour les Liquides (mesures en étain). diamètre	hauteur en millimètres.
*Myrialitre	10,000 [1]	. . . .		»	»
Kilolitre	1,000	(mètre cube) (muid) .	1087,7	»	»
Demi-kilolitre.	500	. . . .	860,1	»	»
Double hectolitre.	200	. . . .	633,8	»	»
Hectolitre	100	(cent décim. c.) (setier)	503,1	(muid) 399,3	798,5
Demi-hectolitre.	50	. . . .	399,3	» 316,9	633,5
Double décalitre.	20	. . . .	294,2	» 233,5	467,»
Décalitre	10	(dix déci. c.) (boisseau)	233,5	(velte) 185,3	370,6
Demi-décalitre	5	. . . .	185,3	» 147,1	294,2
Double litre.	2	. . . .	136,6	» 108,4	216,7
Litre	1	(décim. cube) (pinte). .	108,4	(pinte) 86,»	172,»
Demi-litre.	0,5	. . . .	86,»	» 68,3	136,6
Double décilitre	0,2	. . . .	63,4	» 50,3	100,6
Décilitre	0,1	. . . .	50,3	» 39,9	79,9
Demi-décilitre.	0,05	. . . .		» 31,7	63,4
Double centilitre.	0,02	. . . .		» 23,3	46,7
Centilitre	0,01	. . . .		» 18,5	37,1
*Millilitre.	0,01	. . . .		. . . .	

(*) Rarement usités.

Les mesures de capacité , que l'on nomme aussi *mesures de contenance*, parce qu'elles servent à déterminer la contenance des vases , de quelque forme et grandeur qu'ils soient, se divisent en deux classes : I° mesures de capacité en boisselerie pour les *matières sèches ;* 2° mesures de capacité en métal étamé (I) pour les liquides ; toutes deux ont le litre pour unité principale ; sa contenance est celle du DÉCIMÈTRE CUBE , et son étalon invariable. Pour plus de commodité et de vérité dans le mesurage , on lui a donné la forme cylindrique , avec cette différence que dans les mesures employées pour les matières sèches, *la hauteur doit égaler la base du diamètre* , et dans celles employées pour les liquides , *la hauteur doit être double de cette base* , moins la très-petite différence du bec ajouté pour faciliter le transvasement.

Le *double décalitre* , qui vaut vingt litres , tient lieu du double boisseau pour la mesure du blé et de toutes sortes de grains. — L'hectolitre , qui vaut dix décalitres ou cent litres , remplace le setier (le setier de blé de Paris était de douze boisseaux, et le boisseau contenait 20 liv. de blé).

On s'en sert spécialement pour mesurer le charbon de bois, et du demi-hectolitre pour le mesurage de la chaux, du charbon de terre , etc.

On emploie encore l'hectolitre pour évaluer les futailles de vin ou de tout autre liquide : ceci s'appelle jauger les futailles, c'est-à-dire mesurer la capacité ou la contenue de toutes sortes de vaisseaux ; car les tonneaux et les futailles ne doivent pas être considérés comme *mesures* de capacité , mais seulement comme des vases plus commodes de transport.

(1) Les mesures pour le lait sont en ferblanc , et, comme pour les mesures de boisselerie, le diamètre est égal à la hauteur.

NOMENCLATURE DU SYSTÈME ANCIEN.

MESURES GÉNÉRALES DE CAPACITÉ OU DE CONTENANCE.

1° POUR LES MATIÈRES SÈCHES.

Le MUID contenant 12 setiers pour le grain, l'avoine et le sel, et 10 seulement pour le charbon ;

Le SETIER   ″   12 boisseaux pour le grain, 24 pour l'avoine, 16 pour le sel, 32 pour le charbon ;

Le BOISSEAU (1)   16 litrons, en capacité 655 pouces cubes $\frac{78}{100}$.

Le LITRON   ″   41 pouces cubes.

2° POUR LES LIQUIDES.

Le MUID contenant 2 feuillettes 36 setiers ou 288 pintes ;

La FEUILLETTE. . . . . . 2 quartaux, 18 setiers ou veltes ;

Le QUARTAUT. . . . . . 9 setiers ou veltes ;

Le SETIER ou velte. . . . . 8 pintes ;

La PINTE. . . . . 2 chopines (46 po. cubes, 95) ;

La CHOPINE. . . . . . . 2 demi-setiers ;

Le DEMI-SETIER. . . . . . 2 possons (vulgairement *poissons*).

CONVERSION DES ANCIENNES ET NOUVELLES MESURES.

Avant de chercher le rapport qui existe entre une ancienne et nouvelle mesure de capacité, il faut préalablement les évaluer en cubes en les jaugeant.

(1) Le double boisseau était une mesure de capacité égale au quart de l'hectolitre et correspondant à 25 litres. Conséquemment

     Le boisseau valait 1/8 d'hectolitre ou 12 litres 1/2.

     Le 1/2 boisseau   1/16   ″   ou   6   ″   1/4.

     Le 1/4 de boisseau 1/32   ″   ou   3   ″   1/8.

Nous verrons au chapitre suivant qu'un kilogramme a la capacité d'un décimètre cube ou d'un litre, et réciproquement qu'un litre pèse un kilogramme.

Ainsi un vase contiendra autant de litres qu'il pèsera de kilogrammes.

La pinte de Paris, qui était l'unité ancienne de capacité, contenait 46 pouces cubes, 95.

La valeur du pouce cube étant $19^{\text{cent. c.}}, 836$, celle de la pinte est de 46 fois $\frac{95}{100}$ ce nombre, ou 0,9313165.

La valeur du setier (pour les liquides) sera 8 fois ce nombre.

Celle du muid 288 fois celle de la pinte.

Le litron vaudra 41 fois la valeur du pouce cube.
Le boisseau   »   16 fois la valeur du litron.
Le setier   »   12 fois la valeur du boisseau.
Le muid   »   12 fois celle du setier.

Il sera facile de déduire de ce qui précède la valeur du litre en pintes, du décalitre en boisseaux et de l'hectolitre en setiers ; il suffira donc que nous indiquions ces rapports.

RAPPORTS GÉNÉRAUX

des anciennes Mesures de capacité aux nouvelles.   *des nouvelles Mesures de capacité aux anciennes.*

MATIÈRES SÈCHES.

1 muid (12 setiers) en hectolit. = 18,73192	1 hectolitre en muid.. . . . 0,0533848
1 setier (12 boisseaux) en *id.* = 1,56099	1 *id.* en setier.. . . . 0,6406240
1 boisseau. . . . en litres = 13,00828	1 litre en boisseau.. . . 0,0768741
1 litron. . . . . en *id.* = 0,81302	1 litre en litrons. . . . 1,2299858

POUR LES LIQUIDES.

1 Muid vaut en hectolitres. . = 2,682191	1 Hectolitre en muid. . . . 0,3728295
1 *Feuillette* » . . = 1,341	» en feuillette. . . 0,186
1 *Quartaut* » . . = 0,671	» en quartaut. . . 0,093
1 *Setier* » . . = 0,075	» en setier. . . . 0,046
1 Pinte vaut en litres. . . = 0,931316	1 Litre en pinte. . . . 1,0737488
1 *Chopine* » . . = 0,466	» en chopine. . . 0,536
1 *Demi-setier* » . . = 0,233	» en demi-setier. . 0,268
1 *Posson* » . . = 0,166	» en posson. . . . 0,134

10

MESURES GÉNÉRALES DE CAPACITÉ.

MESURES DE CAPACITÉ (pour les matières sèches).

NOMBRES à comparer.	MUIDS DE BLÉ (12 setiers) en hectolitres.	HECTOLITRES (10 décalitres) en muids.
1 2 3 4 5 6	1 2 3 4 5 6	1 2 3 4 5 6 7 8
I, 0 0 0 0 0	» I 8, 7 3 I 9 2	0, 0 5 3 3 8 4 8
2, 0 0 0 0 0	» 3 7, 4 6 3 8 4	0, I 0 6 7 6 9 6
3, 0 0 0 0 0	» 5 6, I 9 5 7 7	0, I 6 0 I 5 4 4
4, 0 0 0 0 0	» 7 4, 9 2 7 6 9	0, 2 I 3 5 3 9 2
5, 0 0 0 0 0	» 9 3, 6 5 9 6 I	0, 2 6 6 9 2 4 0
6, 0 0 0 0 0	I I 2, 3 9 I 5 4	0, 3 2 0 3 0 8 8
7, 0 0 0 0 0	I 3 1, I 2 3 4 6	0, 3 7 3 6 9 3 6
8, 0 0 0 0 0	I 4 9, 8 5 5 3 8	0, 4 2 7 0 7 8 4
9, 0 0 0 0 0	I 6 8, 5 8 7 3 I	0, 4 8 0 4 6 3 2

Les anciens muids de grain, de sel, d'avoine et de charbon n'étaient pas une même mesure (pag. 72). Voici leurs différences :

	GRAINS.	SEL.	AVOINE.	CHARBON.
muid 1	hectol. 18. 73	hectol. 24. 98	hectol. 37. 46	hectol. 41. 63
hectolitre 1	muids 0. 053	muids 0. 040	muids 0. 027	muids 0. 024

NOMBRES à comparer.	SETIER DE BLÉ (12 boisseaux, 240 livres) en hectolitres.	HECTOLITRES (10 décalitres) en setiers de 12 boisseaux.
1 2 3 4 5 6	1 2 3 4 5 6 7	1 2 3 4 5 6 7 8
I, 0 0 0 0 0	» I, 5 6 0 9 9 4	0, 6 4 0 6 2 4 0
2, 0 0 0 0 0	» 3, I 2 I 9 8 7	1, 2 8 I 2 4 8 I
3, 0 0 0 0 0	» 4, 6 8 2 9 8 I	1, 9 2 I 8 7 2 I
4, 0 0 0 0 0	» 6, 2 4 3 9 7 4	2, 5 6 2 4 9 6 I
5, 0 0 0 0 0	» 7, 8 0 4 9 6 8	3, 2 0 3 I 2 0 2
6, 0 0 0 0 0	» 9, 3 6 5 9 6 I	3, 8 4 3 7 4 4 2
7, 0 0 0 0 0	I 0, 9 2 6 9 5 5	4, 4 8 4 3 6 8 2
8, 0 0 0 0 0	I 2, 4 8 7 9 4 9	5, I 2 4 9 9 2 3
9, 0 0 0 0 0	I 4, 0 4 8 9 4 2	5, 7 6 5 6 I 6 3

Quoique le blé, l'avoine, le sel et le charbon se vendissent au setier, c'étaient quatre mesures différentes, dont il nous suffira d'indiquer l'unité :

	GRAINS.	SEL.	AVOINE.	CHARBON.
setier 1	hectol. 1. 56	hectol. 2. 08	hectol. 3. 12	hectol. 4. 16
hectolitre 1	setiers 0. 641	setiers 0. 480	setiers 0. 320	setiers 0. 240

MESURES DE CAPACITÉ (pour les matières sèches).

NOMBRES à comparer.	BOISSEAUX (16 litrons) en litres.	LITRES (1 décimètre cube) en boisseaux.	
1,00000	» 13,00828	0,0768741	Nous avons mieux aimé convertir le boisseau en litres qu'en décalitres pour la facilité des détaillants ; si l'on veut convertir en décalitres, il suffit d'avancer la virgule décimale d'un chiffre.
2,00000	» 26,01656	0,1537482	
3,00000	» 39,02484	0,2306223	
4,00000	» 52,03312	0,3074965	
5,00000	» 65,04140	0,3843706	
6,00000	» 78,04968	0,4612447	
7,00000	» 91,05796	0,5381188	1 boisseau = 13 litres, 01, ou bien 1 décalitre
8,00000	104,06624	0,6149929	3 litres 1 centilitre.
9,00000	117,07452	0,6918670	

NOMBRES à comparer.	LITRONS (16 pour 1 boisseau) en litres.	LITRES (1/1000 de mètre cube) en litrons.	
1,00000	»1,229986	0,8130175	
2,00000	»2,459972	1,6260350	
3,00000	»3,689957	2,4390525	
4,00000	»4,919943	3,2520699	
5,00000	»6,149929	4,0650874	
6,00000	»7,379915	4,8781049	9 litres = 11 litrons. 07.
7,00000	»8,609901	5,6911224	
8,00000	»9,839887	6,5041399	
9,00000	11,069873	73,171574	

MESURES DE CAPACITÉ (pour les liquides).

NOMBRES à comparer.	MUIDS DE VIN (288 pintes ou 3C setiers) en hectolitres.	HECTOLITRES (10 hectol. = 1 kilol.) en muids de Paris.	
1 2 3 4 5 6	1 2 3 4 5 6 7	1 2 3 4 5 6 7 8	
1, 0 0 0 0 0	» 2, 6 8 2 1 9 1	0, 3 7 2 8 2 9 5	1 muid = 2 hect. 682,
2, 0 0 0 0 0	» 5, 3 6 4 3 8 3	0, 7 4 5 6 5 8 9	30 hectol. = 11 muids 155. — En multipliant ces
3, 0 0 0 0 0	» 8, 0 4 6 5 7 5	1, 1 1 8 4 8 8 4	185 millièmes d'hectolitre par 288, et retranchant
4, 0 0 0 0 0	1 0, 7 2 8 7 6 6	1, 4 9 1 3 1 7 8	les trois derniers chiffres, on aurait en pintes l'ex-
5, 0 0 0 0 0	1 3, 4 1 0 9 5 8	1, 8 6 4 1 4 7 3	pression de ces décimales.
6, 0 0 0 0 0	1 6, 0 9 3 1 4 9	2, 2 3 6 9 7 6 7	
7, 0 0 0 0 0	1 8, 7 7 5 3 4 1	2, 6 0 9 8 0 6 2	
8, 0 0 0 0 0	2 1, 4 5 7 5 3 2	2, 9 8 2 6 3 5 6	
9, 0 0 0 0 0	2 4, 1 3 9 7 2 4	3, 3 5 5 4 6 5 1	

NOMBRES à comparer.	PINTES DE PARIS (2 chopi. ou 4 demi-seti.) en litres.	LITRES (décimètre cube) en pintes de Paris.	
1 2 3 4 5 6	1 2 3 4 5 6 7 8	1 2 3 4 5 6 7 8	
1, 0 0 0 0 0	0, 9 3 1 3 1 6 5	1, 0 7 3 7 4 8 8	100 pintes = 95 lit. 132
2, 0 0 0 0 0	1, 8 6 2 6 3 3 0	2, 1 4 7 4 9 7 6	50 » = 46 566
3, 0 0 0 0 0	2, 7 9 3 9 4 9 5	3, 2 2 1 2 4 6 5	qui répondent également
4, 0 0 0 0 0	3, 7 2 5 2 6 6 0	4, 2 9 4 9 9 5 3	à 13 *décal.* 9698,
5, 0 0 0 0 0	4, 6 5 6 5 8 2 5	5, 3 6 8 7 4 4 1	150 » = 139 698
6, 0 0 0 0 0	5, 5 8 7 9 9 9 0	6, 4 4 2 4 9 2 9	et à 1 *hectol.* 39698.
7, 0 0 0 0 0	6, 5 1 9 2 1 5 5	7, 5 1 6 2 4 1 8	
8, 0 0 0 0 0	7, 4 5 0 5 3 2 0	8, 5 8 9 9 9 0 6	
9, 0 0 0 0 0	8, 3 3 2 8 4 8 5	9, 6 6 3 7 3 9 4	

APPLICATIONS DES TABLES.

DES MESURES DE CAPACITÉ.

Les chiffres a gauche de la virgule expriment l'unité, ceux a droite les parties de l'unité.

La 1re décimale exprime des dixièmes, la 2e des centièmes, la 3e des millièmes de l'unité principale.

Ainsi pour obtenir le rapport d'un nombre 10 fois, 100 fois, 1000 fois, etc., plus grand que l'un des neuf premiers nombres, il suffira d'avancer la virgule d'un, de deux ou de trois rangs vers la droite ; et semblablement pour obtenir le rapport d'un nombre 10 fois, 100 fois, 1000 fois plus faible, il suffira de reculer la virgule d'un, de deux ou de trois rangs vers la gauche, en ayant soin de représenter par des zéros les unités qui manquent.

Que le rapport à chercher soit la transformation d'une ancienne mesure de capacité en nouvelle et réciproquement, ou le prix comparatif de l'une connaissant celui de l'autre, nos tables en donnent également la solution.

EXERCICES.

Matières sèches.

Problème I. *Combien 8 doubles boisseaux contiennent-ils de litres ?*

8 boisseaux valent (pag. 77) 104 lit. 07,
donc le double vaudra 208   13 ou 20 décalitres 8 litres.

II. *Si le boisseau vaut 10 fr., combien vaudra le décalitre ?*

Le boisseau valant 10 fr., la valeur relative du litre est de 0,77, et conséquemment celle du décalitre sera de 7 fr. 70., c'est-à-dire dix fois plus.

LIQUIDES.

III. *Trouver la valeur de 14 hectolitres en muids de vin.*

10 hectolitres valent (pag. 78)			$3^m,728$
4	»	»	1, 491
donc 14	»	»	5, 219 muids.

IV. *Trouver la valeur de 12 décalitres en pintes.*

10 litres valent (pag. 78)				10^p 737
2	»	»	»	2. 147
12 litres	»		»	12. 884

donc 12 décalitres vaudront dix fois plus, ou 128 pintes 84.

V. *Combien 10 hectolitres ou 1 kilolitre valent-ils de pintes ou bouteilles ?*

1 kilolitre ou 1000 litres valent à peu près (pag. 78) 1074 pintes ou bouteilles, et répondent assez exactement au tonneau de Bordeaux.

CHAPITRE CINQUIÈME.

MESURES DE PESANTEUR.

NOMENCLATURE DU SYSTÈME LÉGAL.

GROS POIDS ORDINAIREMENT EN FER.

En les empilant, chaque série forme une pyramide hexagonale.

Poids décimaux	Grammes	Kilogr.	Poids d'un	Valeur approximative			
Millier. . . .	1,000,000	ou 1000	mètre cube d'eau	2043 liv. (poids de marc)			
Quintal métrique	100,000	100	*hectolitre*	204 liv.			
Cinq myriagram.	50,000	50		102 liv.	2°	2^{gr}	30^{grains}
Double myriagr.	20,000	20		40 liv.	13°	5	55
Myriagramme. .	10,000	10	*décalitre*	20 liv.	6°	6	64
Demi-myriagr. .	5,000	5		10 liv.	3°	3	32
Double kilogr. .	2,000	2		4 liv.	1°	2	70
Kilogramme. . .	1,000	I	décim. cub.	2 liv.	»	5	35

POIDS MOYENS ORDINAIREMENT EN CUIVRE.

Ils ont la forme d'un cylindre ou de godets coniques.

	Grammes	Kilogr.	Poids d'un	Valeur approximative			
Kilogramme. . .	1,000	I	*litre*	2 liv.	»	5	35
Demi-kilogram..	500	0,5		I liv.	»	2	53
Double hectogr..	200	0,2		»	6°	4	21
Hectogramme. .	100	0,I	*décilitre*	»	3°	2	II
Demi-hectogr. .	50	0.0,5		»	1°	5	5
Double décagr. .	20	0.0,2		»	»	5	16
Décagramme. . .	10	0.0,I	*centilitre*	»	»	2	44
Demi-décagr. .	5	0.00,5		»	»	I	22
Double gramme.	2	0.00,2		»	»	»	37
Gramme. . . .	I	0.00,I	centim. cube	»	»	»	19

PETITS POIDS EN CUIVRE, ARGENT OU PLATINE.

(Feuilles de laiton mince, coupées carrément pour les orfèvres, pharmaciens, etc.)

GRAMME.	I^{G.}	unité des poids égale au poids d'un *centim. cube* d'eau distillée à la température de la glace fondante, ou de quatre degrés centigrades.

Demi-gramme. . . 0,5
Double décigram. . 0,2
DÉCIGRAMME. . . . 0,I = le poids de 100 millim. cub. = 2 grains
Demi-décigramme. . 0,05
Double centigramme. 0,02
CENTIGRAMME. . . . 0,01 = le poids de 10 millim. cub. = I/5 de grain
Cinq milligrammes. . 0,005
Double milligramme. 0,002
MILLIGRAMME. . . . 0,00I = le poids d'un millim. cube. = I/50 de grain.

L'unité de poids est le GRAMME qui équivaut au poids d'un centimètre cube d'eau *distillée*, considérée au *maximum* de *densité* et dans le *vide*.

On a exigé le concours de ces deux conditions, parce que dans cet état le poids et le volume de l'eau sont constants, et que s'il fallait jamais déterminer de nouveau la valeur du gramme, il suffirait de ramener l'eau au même degré de pureté et de température, ce qui serait facile quelque fut l'eau dont on fît usage, ou le climat et la saison dans lesquels on opérât.

Pour trouver le gramme, on a pesé dans le vide un centimètre cube d'acier, je suppose; soit P le poids trouvé, on l'a ensuite plongé dans l'eau, préparée à 4 degrés au-dessus de o du thermomètre centigrade (son maximum de densité), pour l'y peser de nouveau, et l'on a observé la quantité X qu'il perdait de son poids, quantité qui a fait connaître le poids d'un volume d'eau égal à 1 centimètre cube. Enfin, le poids a été trouvé égal à 18 grains, 82715.

Pour comprendre ce procédé, il faut savoir que tout corps solide plongé dans un liquide ou un fluide, y perd de son poids une quantité précisément égale au poids du liquide ou du fluide qu'il déplace.... Par exemple :

1 pied cube de fer pèse, je suppose, 545 livres (dans le vide); le même volume d'eau de pluie 70 livres; — si l'on plongeait le fer dans l'eau de pluie, il ne pèserait plus que 545 livres, moins 70 livres ou 475 livres.

Pour avoir son vrai poids dans l'air commun, comme un pied cube de cet air pèse 1 once 5 gros 3 grains, il faudrait diminuer le poids donné d'autant.

C' est Archimède qui est l'inventeur du principe d'hydrostatique dont nous venons de parler. Voici à quelle occasion il le découvrit :

Hiéron avait donné un lingot d'or à un orfèvre pour en faire une couronne ; suspectant la fidélité de l'artiste, il demanda à Archimède le moyen de reconnaître la fraude sans détruire la couronne. Après bien des méditations, Archimède désespérait de résoudre le problème, quand un jour qu'il entrait dans le bain, il observa que l'eau s'élevait à mesure que son corps plongeait dedans........ et l'ayant trouvé par l'analogie des différents poids de son corps hors de l'eau et dans l'eau, il courut chez lui tout nu, à travers les rues de Syracuse, en criant hors de sens : Je l'ai trouvé ! je l'ai trouvé !

Dès lors, il fut aisé de s'assurer de la pureté de l'or de la couronne, en prenant une masse d'or pur du même poids qu'elle. Si la couronne était sans alliage, elle devait avoir aussi même volume que ce lingot, et conséquemment perdre de son poids dans l'eau autant que le lingot d'or fin. — Si, au contraire, la couronne contenait de l'alliage, les deux volumes n'étaient pas égaux et la couronne perdait plus.

La loi du 4 juillet 1837 rend à sa pureté primitive le système métrique décimal des poids et mesures. Cette loi est obligatoire pour tous les Français à
dater du Ier janvier 1840.

A cette époque, l'usage de la livre et de ses subdivisions telle que :

La demi-livre. . . . .
Le quarteron. . . . .
Le demi-quarteron. . . . . est interdit sous les peines portées
L'once et ses fractions. . . . par l'art. 479 du Code pénal.
Le gros. . . . .
Le grain. . . . .

Les poids suivants , en fer ou en cuivre, actuellement existants, tels que :

Le poids de 50 kilogr. . . .
»   20   »
»   10   »   sont tolérés , en faisant effacer les
»   5   »   dénominations de livres qu'ils
»   1   »   portent.
»   » 1/2 »

Tous les poids ont pour élément le 1000me du kilogramme , ou le GRAMME,
mesure qui, d'après les expériences de Lefèvre-Gineau , répond en grains à
18. 82715 , et dont le poids égale exactement celui du *centimètre cube* d'eau
distillée, considérée au *maximum de densité* et dans le *vide*.

NOMENCLATURE DU SYSTÈME ANCIEN.

En nous donnant deux bras, la nature nous a donné une balance dont nos mains sont les deux bassins. Cette balance nous suffisait, lorsque nous nous contentions de juger *à peu près* du poids des choses ; mais nous n'étions pas faits pour nous contenter toujours de cet à peu près. Le trafic nous donna d'autres vues, il fallut évaluer ou peser avec plus de précision ; alors des marchands copièrent la balance que la nature nous a donnée, et cette copie parut une invention.

Comme les balances sont postérieures au trafic, les monnaies, proprement dites, sont postérieures aux balances. On en fit de différents métaux et de différents poids.

On appela *poids*, un corps d'une pesanteur à volonté, et on le prit pour unité de mesure. Lorsque la chose qu'on mettait dans un des bassins de la balance restait en équilibre avec le poids dans l'autre, on dit qu'elle pesait, par exemple, une livre.

La livre poids de marc, qui était le poids le plus généralement adopté, se divisait :

> La livre en 2 marcs ou 16 onces ou 128 gros ou 9216 grains.
> Le marc en 8 onces ;
> L'once en 8 gros ;
> Le gros en 3 deniers ou 72 grains ;
> Le denier en 24 grains ;
> Le grain est à peu près le poids d'un grain de froment.

Ces poids, qui sont d'un usage encore plus fréquent dans le commerce que les mesures de longueur et de capacité, étaient en même temps la plus vicieuse de l'ancien système. La division de la livre en marcs, en onces, en gros, en grains, etc., était si mal assortie, que celui qui achetait deux gros d'une marchandise, souvent ignorait qu'il demandait 1/64 de la livre. D'autre part, beaucoup d'acheteurs eussent été bien embarrassés, dans certains cas, de faire eux-mêmes la pesée de ce qu'ils demandaient, à cause de la variété des poids.

CONVERSION

DES ANCIENNES ET NOUVELLES MESURES DE PESANTEUR.

Les expériences de Lefèvre-Gineau ont prouvé que 1 gramme $= 18^{gr}$,82715, conséquemment $1^{kg.} = 18827^{grains}$, 15 (2 liv. 5 gros 35 grains I livre en vaut 9216; 15 cent. poids de marc)

Donc le rapport de kilogramme à la livre $= \frac{18827,15}{9216} = 0,4895058$,

et celui de la livre au kilogramme $= \frac{9216}{18827,15} = 2,0428765$.

Le kilogramme pesant 18827 grains 15 ; si on rend cette valeur de dix en dix fois plus petite, on obtiendra successivement celle de l'*hectogramme*, du *décagramme*, du *gramme*, etc.

La valeur de la livre étant connue, si on la divise successivement par 16, 8, 3 et 24, on obtiendra la valeur de l'once, du gros, du denier et du grain.

RAPPORTS GÉNÉRAUX

des anciens Poids (de marc) *en nouveaux.*		*des nouveaux Poids métriques en anciens* (de marc).	
1 livre en kilogram. . $=$	0. 4895058	1 kilogr. en livres. . . $=$	2. 0428765
1 once en hectogr. . $=$	0. 3059412	1 hectogr. en onces. . $=$	3. 2686024
1 once en décagr. . $=$	3. 059412	1 décagr. *id.* . $=$	0. 32686024
1 once en kilogr.. . $=$	0. 03059412	1 kilogr. *id.* . $=$	32. 686024
1 gros en décagr.. . $=$	0. 3824264	1 décagr. en gros. . $=$	2. 6148819
1 gros en grammes. . $=$	3. 824264	1 gramme *id.* . $=$	0. 26148819
1 gros en kilogr. . . $=$	0. 00332426	1 kilogr. *id.* . $=$	261. 48819
1 grain en grammes.. $=$	0. 0531148	1 gramme en grains. . $=$	18. 82715
1 grain en décigr. . $=$	0. 531148	1 décigr. *id.* . $=$	1. 88
1 grain en centigr. . $=$	5. 31148	1 centigr. *id.* . $=$	0. 18
1 grain en milligr. . $=$	53. 1148	1 milligr. *id.* . $=$	0. 018

MESURES GÉNÉRALES DE PESANTEUR.

MESURES DE PESANTEUR.

NOMBRES à comparer.	LIVRES DE MARC (16 onces) en kilogrammes, et prix de la livre de marc.	KILOGRAMMES eu livres de marc (16 onces), et prix du kilogramme.	La livre d'une marchandise valant 2 fr. 15 c., combien doit valoir 1 kil. de la même marchandise?
1 2 3 4 5 6	1 2 3 4 5 6 7 8	1 2 3 4 5 6 .7	2 fr. la livre répondent à 4 fr. 09 c.
1, 0 0 0 0 0	0, 4 8 9 5 0 5 8	» 2, 0 4 2 8 7 6	0. 10 centimes. . . . 0 20
2, 0 0 0 0 0	0, 9 7 9 0 1 1 7	» 4, 0 8 5 7 5 3	0. 05. . . . . 0 10
3, 0 0 0 0 0	1, 4 6 8 5 1 7 5	» 6, 1 2 8 6 3 0	————
4, 0 0 0 0 0	1, 9 5 8 0 2 3 4	» 8, 1 7 1 5 0 6	Le prix du kilog. est de. 4 39
5, 0 0 0 0 0	2, 4 4 7 5 2 9 2	1 0, 2 1 4 3 8 3	
6, 0 0 0 0 0	2, 9 3 7 0 3 5 1	1 2, 2 5 7 2 6 0	
7, 0 0 0 0 0	3, 4 2 6 5 4 0 9	1 4, 3 0 0 1 3 6	
8, 0 0 0 0 0	3, 9 1 6 0 4 6 8	1 6, 3 4 3 0 1 2	
9, 0 0 0 0 0	4, 4 0 5 5 5 2 6	1 8, 3 8 5 8 8 9	

Rapport du *Kilogramme* à la Livre et à ses subdivisions.

kilogrammes	livres	onces	gros	grains	kilogrammes	livres	onces	gros	grains
1	2	»	5	35. 15	20	40	13	5	55. 00
2	4	1	2	70. 30	30	61	4	4	46. 50
3	6	2	»	33. 45	40	81	11	3	38. 00
4	8	2	5	68. 60	50	102	2	2	29. 30
5	10	3	3	31. 75	60	122	9	1	21. 00
6	12	4	»	66. 90	70	143	»	»	12. 50
7	14	4	6	30. 05	80	163	6	7	4. 00
8	16	5	3	65. 20	90	183	13	5	67. 50
9	18	6	1	28. 35	100	204	4	4	59. 00
10	20	6	6	63. 50	200	408	9	1	46. 00

SOUS-DIVISIONS DE LA LIVRE DE MARC EN KILOGRAMMES.

NOMBRES à comparer.	MARCS (2^m = 1 liv.) en kilogrammes.	ONCES (16 = 1 liv.) en kilogrammes.
1 2 3 4 5 6	1 2 3 4 5 6 7 8	1 2 3 4 5 6 7 8
1, 0 0 0 0 0	0, 2 4 4 7 5 3 0	0, 0 3 0 5 9 4 1
2, 0 0 0 0 0	0, 4 8 9 5 0 5 8	0, 0 6 1 1 8 8 2
3, 0 0 0 0 0	0, 7 3 4 2 5 8 8	0, 0 9 1 7 8 2 3
4, 0 0 0 0 0	0, 9 7 9 0 1 1 7	0, 1 2 2 3 7 6 5
5, 0 0 0 0 0	1, 2 2 3 7 6 4 6	0, 1 5 2 9 7 0 6
6, 0 0 0 0 0	1, 4 6 8 5 1 7 5	0, 1 8 3 5 6 4 7
7, 0 0 0 0 0	1, 7 1 3 2 7 0 5	0, 2 1 4 1 5 8 8
8, 0 0 0 0 0	1, 9 5 8 0 2 3 4	0, 2 4 4 7 5 2 9
9, 0 0 0 0 0	2, 2 0 2 7 7 6 3	0, 2 7 5 3 4 7 0

Exprimer en nouveaux poids la quantité de 5 marcs 6 onces.

5 mars = 1. 2238 k. ou 1223. 8 grammes
6 onces = 0. 1836 ou 283. 6
5 marcs, 6 onces = 1. 4074 ou 1407. 4

NOMBRES à comparer.	GROS (128 gr. = 1 liv.) en kilogrammes.	GRAINS (9216 gr. = 1 liv.) en kilogrammes.
1 2 3 4 5 6	1 2 3 4 5 6 7 8	1 2 3 4 5 6 7 8
1, 0 0 0 0 0	0, 0 0 3 8 2 4 3	0, 0 0 0 0 5 3 1
2, 0 0 0 0 0	0, 0 0 7 6 4 8 5	0, 0 0 0 1 0 6 2
3, 0 0 0 0 0	0, 0 1 1 4 7 2 8	0, 0 0 0 1 5 9 3
4, 0 0 0 0 0	0, 0 1 5 2 9 7 1	0, 0 0 0 2 1 2 5
5, 0 0 0 0 0	0, 0 1 9 1 2 1 3	0, 0 0 0 2 6 5 6
6, 0 0 0 0 0	0, 0 2 2 9 4 5 6	0, 0 0 0 3 1 8 7
7, 0 0 0 0 0	0, 0 2 6 7 6 9 8	0, 0 0 0 3 7 1 8
8, 0 0 0 0 0	0, 0 3 0 5 9 4 1	0, 0 0 0 4 2 4 9
9, 0 0 0 0 0	0, 0 3 4 4 1 8 4	0, 0 0 0 4 7 8 0

Exprimer en nouveaux poids 128 gros 9216 grains.

100 gros = 0. 382 kil.
20 » = 0. 076
8 » = 0. 031
9000 grains = 0. 4780
200 » = 0. 0106
10 » = 0. 0005
6 » = 0. 0003
= 0. 9784 kil. ou 979 grammes

MESURES DE PESANTEUR.

NOMBRES à comparer.						ANCIENNES ONCES en hectogrammes et prix de l'once.								HECTOGRAMMES en anciennes onces et prix de l'hectogramme.							
1	2	3	4	5	6	1	2	3	4	5	6	7	8	1	2	3	4	5	6	7
I,0	0	0	0	0	0	0,3	0	5	9	4	I	2		» 3,2	6	8	6	0	2	
2,0	0	0	0	0	0	0,6	I	I	8	8	2	3		» 6,5	3	7	2	0	5	
3,0	0	0	0	0	0	0,9	I	7	8	2	3	5		» 9,8	0	5	8	0	7	
4,0	0	0	0	0	0	I,2	2	3	7	6	4	6		I 3,0	7	4	4	I	0	
5,0	0	0	0	0	0	I,5	2	9	7	0	5	8		I 6,3	4	3	0	I	2	
6,0	0	0	0	0	0	I,8	3	5	6	4	6	9		I 9,6	I	I	6	I	5	
7,0	0	0	0	0	0	2,I	4	I	5	8	8	I		2 2,8	8	0	2	I	7	
8,0	0	0	0	0	0	2,4	4	7	5	2	9	2		2 6,I	4	8	8	I	9	
9,0	0	0	0	0	0	2,7	5	3	4	7	0	4		2 9,4	I	7	4	2	2	

1 hectogr. = 3 onces 269 millièmes, ou 3 onces 2 gros 10 grains $\frac{71}{100}$

Rapport de l'*Hectogramme* à la livre (poids de marc) et à ses subdivisions

hectogrammes	livres	onces	gros	grains	
1	»	3	2	10. 71	
2	»	6	4	21. 43	
3	»	9	6	32. 14	
4	»	13	»	42. 86	10 hectogrammes valent 1 kilogramme.
5	1	»	2	53. 57	
6	1	3	4	64. 29	
7	1	6	7	3. 00	
·8	1	10	1	13. 72	
9	1	13	3	24. 43	

MESURES DE PESANTEUR.

NOMBRES à comparer.	ANCIENS GROS en décagrammes et prix du gros.	DÉCAGRAMMES en anciens gros et prix du décagramme.	
1 2 3 4 5 6	1 2 3 4 5 6 7 8	1 2 3 4 5 6 7	
6, 0 0 0 0 0	0, 3 8 2 4 2 6 4	» 2, 6 1 4 8 8 2	8 gros = 30 grammes 5 décigrammes 9 centigrammes 4 milligrammes.
2, 0 0 0 0 0	0, 7 6 4 8 5 2 9	» 5, 2 2 9 7 6 4	
3, 0 0 0 0 0	1, 1 4 7 2 7 9 3	» 7, 8 4 4 6 4 6	
4, 0 0 0 0 0	1, 5 2 9 7 0 5 8	1 0, 4 5 9 5 2 8	8 décagram. = 20 gros 919 millièmes ou 2 onces 3 gros 66. 17 grains.
5, 0 0 0 0 0	1, 9 1 2 1 3 2 2	1 3, 0 7 4 4 1 0	
6, 0 0 0 0 0	2, 2 9 4 5 5 8 7	1 5, 6 8 9 2 9 2	
7, 0 0 0 0 0	2, 6 7 6 9 8 5 1	1 8, 3 0 4 1 7 4	
8, 0 0 0 0 0	3, 0 5 9 4 1 1 5	2 0, 9 1 9 0 5 6	
9, 0 0 0 0 0	3, 4 4 1 8 3 8 0	2 3, 5 3 3 9 3 8	

Rapport du *Décagramme* aux subdivisions de la Livre.

décagrammes	onces	gros	grains	
1	»	2	44. 27	
2	»	5	16. 54	
3	»	7	60. 81	
4	1	2	33. 09	10 décagrammes valent 1 hectogramme.
5	1	5	5. 36	
6	1	7	49. 63	
7	2	2	21. 90	
8	2	4	66. 17	
9	2	7	38. 44	

MESURES DE PESANTEUR.

NOMBRES à comparer.						ANCIENS GRAINS en grammes et prix du grain.								GRAMMES en anciens grains et prix du gramme.						1/16 de grains.	centigr.	milligr.	décimilligr.	centimilligr.
1	2	3	4	5	6	1	2	3	4	5	6	7	8	1	2	3	4	5	6				
1,	0	0	0	0	0	0,	0	5	3	1	1	4	8	» 1	8,	8 2	7	1	5	I	0.	3	3	2
2,	0	0	0	0	0	0,	1	0	6	2	2	9	6	» 3	7,	6 5	4	3	0	2	0.	6	6	4
3,	0	0	0	0	0	0,	1	5	9	3	4	4	4	» 5	6,	4 8	1	4	5	3	0.	9	9	6
4,	0	0	0	0	0	0,	2	1	2	4	5	9	1	» 7	5,	3 0	8	6	0	4	1.	3	2	8
5,	0	0	0	0	0	0,	2	6	5	5	7	3	9	» 9	4,	1 3	5	7	5	5	1.	6	6	0
6,	0	0	0	0	0	0,	3	1	8	6	8	8	7	I 1	2,	9 6	2	9	0	6	1.	9	9	1
7,	0	0	0	0	0	0,	3	7	1	8	0	3	5	I 3	1,	7 9	0	0	5	7	2.	3	2	4
8,	0	0	0	0	0	0,	4	2	4	9	1	8	3	I 5	0,	6 1	7	2	0	8	2.	6	5	6
9,	0	0	0	0	0	0,	4	7	8	0	3	3	1	I 6	9,	4 4	4	3	5	9	2.	9	8	8

Rapport du *Gramme* et du *Décigramme* aux subdivisions de la Livre.

grammes	gros	grains	déci-gramme	grains
1	»	18. 83	1	1. 88
2	»	37. 65	2	3. 77
3	»	56. 48	3	5. 65
4	1	3. 31	4	7. 53
5	1	22. 14	5	9. 41
6	1	40. 96	6	11. 30
7	1	59. 79	7	13. 18
8	2	6. 62	8	15. 06
9	2	25. 44	9	16. 94
10 grammes = 1 décagramme.			10 décigrammes = 1 gramme.	

APPLICATIONS DES TABLES.

DES MESURES DE PESANTEUR.

Les chiffres a gauche de la virgule expriment l'unité, ceux a droite les parties de l'unité.

La 1re décimale exprime des dixièmes, la 2e des centièmes, la 3e des milièmes de l'unité principale.

Ainsi pour obtenir le rapport d'un nombre 10 fois, 100 fois, 1000 fois, etc., plus grand que l'un des neuf premiers nombres, il suffira d'avancer la virgule d'un, de deux ou de trois rangs vers la droite; et semblablement pour obtenir le rapport d'un nombre 10 fois, 100 fois, 1000 fois plus faible, il suffira de reculer la virgule d'un, de deux ou de trois rangs vers la gauche, en ayant soin de représenter par des zéros les unités qui manquent.

Que le rapport à chercher soit la transformation d'une ancienne mesure de pesanteur en nouvelle et réciproquement, ou le prix comparatif de l'une connaissant celui de l'autre, nos tables en donnent également la solution.

EXERCICES.

Problème I. *Combien 689 livres* (poids de marc) *font-elles de kilogrammes ?*

600 livres font (pag. 89)			293,7035 kilogrammes
80	»	»	39,1604
9	»	»	4,4055
donc 689	»	»	337,2694 ou 337 kilogr. et 27 centièmes.

II. *Exprimer en nouveaux poids la quantité de* 10 *onces* 7 *gros* 25 *grains* 5 *douzièmes.*

10 onces font (pag. 90)	0,305941 kilogrammes
7 gros » »	0,026770
20 grains » »	0,001062
5 grains » »	0,000266
4 douzièmes *id.* ou 1/3	0,000018
1 douzième *id.*	0,000004

Total   0,334061 kilog. ou 334 grammes 6 centièmes.

III. *Quel est en anciens poids l'équivalent de* 63,3759 *kilogrammes ?*

	livres		livres	onces	gros	grains	
60 kilogrammes valent (pag. 89)	122. 5726	ou	122	9	1	21.	00
3 » »	6. 1286	ou	6	2	»	33.	45
0,3 ou 3 hectogrammes.	0. 6129	ou	»	9	6	32.	14
0,07 ou 7 décagrammes .	0. 1430	ou	»	2	2	21.	90
0,005 ou 5 grammes. . .	0. 0102	ou	»	»	1	22.	14
0,0009 ou 9 décigrammes .	0. 0018	ou	»	»	»	16.	94
	129. 4691	ou	129	7	4	3.	57

IV. *Quel est en kilogrammes la valeur de* 92 *livres ?*

Pour 90 livres la valeur en kilogrammes	= 44. 1			
» 2 » »	»	» 0. 9		
donc 92 » valent	»	45.		

S'il est vrai que 92 livres font 45 kilogrammes, il sera vrai également que la livre pesant d'une marchandise valant 45 fr., le kilogramme de la même marchandise vaudra 92 fr.

L'art. 8 de l'arrêt du 28 mars 1812 autorisa, pour la vente en détail, la livre dite usuelle, représentant exactement la moitié du kilogramme ou 500 grammes. — Elle se divisait comme la livre de marc, en 16 onces, l'once en 8 gros, et le gros en 72 grains, et n'en différait que d'environ 2 pour 100 en plus.

La livre usuelle et ses subdivisions était à peu près généralement usitée depuis 1812; l'obligation où l'on sera, dès le premier janvier 1840, d'énoncer en poids décimaux, dans les écritures, les quantités livrées ou achetées au poids actuel, nécessitera des réductions qui deviendront faciles à l'aide du tableau qui suit.

CONVERSION

| DES POIDS DÉCIMAUX en poids usuels. | DES POIDS USUELS en poids décimaux. |

DES POIDS DÉCIMAUX en poids usuels.

Chaque ligne : la colonne de gauche *vaut* les poids usuels indiqués à droite (livres, onces, gros, grains).

gram.	décagr.	hectog.	kilog.	livres	onces	gros	grains.
1							18.43
2							36.85
3							55.30
4						1	1.73
5						1	20.16
6						1	38.59
7						1	57.02
8						2	3.46
9						2	21.89
10	1					2	40.32
20	2					5	8.64
30	3					7	48.96
40	4				1	2	17.28
50	5				1	4	57.60
60	6				1	7	25.92
70	7				2	1	66.24
80	8				2	4	34.56
90	9				2	7	2.88
100	10	1			3	1	43.20
200	20	2			6	3	14.40
300	30	3			9	4	57·60
400	40	4			12	6	28.80
500	50	5		1	»	»	» »
600	60	6		1	3	1	43.20
700	70	7		1	6	3	14.40
800	80	8		1	9	4	57.60
900	90	9		1	12	6	28.80
1000	100	10	1	2	»	»	» »
2000	200	20	2	4	»	»	» »
3000	300	30	3	6	»	»	» »
4000	400	40	4	8	»	»	» »
5000	500	50	5	10	»	»	» »
6000	600	60	6	12	»	»	» »
7000	700	70	7	14	»	»	» »
8000	800	80	8	16	»	»	» »
9000	900	90	9	18	»	»	» »

DES POIDS USUELS en poids décimaux.

16es de gr.	en centig.
1	0.34
2	0.68
3	1.02
4	1.36
5	1.70
6	2.04
7	2.37
8	2.71
9	3·05
10	3.39

grains.	en gram.
1	0.05
2	0.11
3	0.16
4	0.22
5	0.27
6	0.33
7	0.38
8	0.43
9	0.49
10	0.54
11	0.60
12	0.65
13	0.71
14	0.76
15	0.81
16	0.87
17	0.92
18	0.98
19	1.03
20	1.09
21	1.14
22	1.19
23	1.25
24	1.30
25	1.36
26	1.41
27	1.46
28	1.52
29	1.57
30	1.63
31	1.63
32	1.74
33	1.79
34	1.84
35	1.90
36	1.95
37	2.01
38	2.06
39	2.12
40	2.17
41	2.22
42	2.28
43	2.33
44	2.39
45	2.44
46	2.50
47	2.55
48	2.60
49	2.66
50	2.71
51	2.77
52	2.82
53	2.88
54	2.93
55	2.98
56	3.04
57	3.09
58	3·15
59	3·20
60	3·26
61	3·31
62	3·36
63	3·42
64	3·47
65	3·53
66	3·58
67	3·64
78	3·69
69	3·74
70	3·80
71	3·85

Les gros, onces et livres (« 8 *ou* 1 once » = 8 gros ou 1 once) *valent* en poids décimaux :

gros.	onces	livres	kilog.	hectog.	décagr.	gram.	centig.
1/2						1	95
1						3	90
2						7	81
3					1	1	72
4					1	5	62
5					1	9	53
6					2	3	44
7					2	7	34
8 ou	1				3	1	25
16	2				6	2	50
24	3				9	3	75
32	4			1	2	5	»
40	5			1	5	6	25
48	6			1	8	7	50
56	7			2	1	8	75
64	8			2	5	»	»
72	9			2	8	1	25
80	10			3	1	2	50
88	11			3	4	3	75
96	12			3	7	5	»
104	13			4	0	6	25
112	14			4	3	7	50
120	15			4	6	8	75
128	16	1		5	»	»	»
256	32	2	1	»	»	»	»
384	48	3	1	5	»	»	»
512	64	4	2	»	»	»	»
640	80	5	2	5	»	»	»
768	96	6	3	»	»	»	»
896	112	7	3	5	»	»	»
1024	128	8	4	»	»	»	»
1152	144	9	4	5	»	»	»

POIDS MÉDICINAL.

La division décimale se prêtant plus facilement aux plus petites divisions, les rédacteurs du *Codex* la préférèrent aux divisions binaire et ternaire. Nous donnons ici la comparaison des poids précédemment usités, avec la valeur exacte en poids décimaux, et les valeurs approximatives adoptées par le Codex, — et *pour les détails*, nous renvoyons aux tableaux comparés de l'ancien poids de marc et de ses subdivisions avec les poids décimaux.

Anciens Poids de marc.	Valeur exacte en poids décimaux.		Nombres ronds d'après le Codex.	
	gram.	m.	gram.	m.
2 livres	979.	012	1000	
1 livre	489.	506	500	
1/2 livre	244.	753	250	
1/4 de livre	122.	376	125	
3 onces	91.	782	96	
2 onces	61.	188	64	
1 once	30.	594	32	
4 gros ou dragmes	15.	297	16	
3 gros »	11.	473	12	
2 gros »	7.	649	8	
1 gros ou 72 grains	3.	824	4	
1/2 gros 36 »	1.	912	2	
20 grains	1.	062	1	
10 grains	0.	531	0.	5
4 grains	0.	212	0.	2
3 grains	0.	159	0.	15
2 grains	0.	106	0.	1
1 grain	0.	053	0.	05
1/2 grain	0.	027	0.	025

GRAINS ET KARATS POUR LES PIERRES FINES.

Le karat, employé à la pesée des pierres fines et des perles, se divisait en 4 grains, divisés eux-mêmes en demis, quarts, huitièmes, seizièmes, etc., mais sous aucun rapport avec les grains poids de marc. Le karat valait, en grains poids de marc, 3. 876, à peu près 2 décigrammes. Le double décigramme peut donc tenir lieu du karat, et le 1/2 décigramme du grain ou quart de karat.

NUMÉROTAGE DES FILS DE COTON.

La base du nouveau numérotage est le poids du 1/2 kilogramme ou livre usuelle.

L'écheveau se compose de 10 échevettes, formées chacune d'un fil de 100 mètres de longueur; la longueur totale de l'écheveau est ainsi de 1000 mètres. (*Ordonnance du 26 mai 1819*, art. 2.)

Les cotons *filés* doivent être étiquetés, suivant leur degré de finesse, d'un numéro indicatif du nombre d'écheveaux nécessaire pour former le poids d'une livre métrique ou 1/2 kilogramme. (*Ibid.*, art. 4.)

Ainsi, le n° 18 désignera le coton filé, dont il faudra 18 écheveaux pour former le poids d'une livre métrique; pour atteindre au n° 70, le 1/2 kilogramme devra contenir 70 écheveaux.

13

CHAPITRE SIXIÈME.

DES MESURES MONÉTAIRES.

NOMENCLATURE DU SYSTÈME LÉGAL.

	POIDS grammes	DIAMÈTRE mètres
EN OR.		
Pièce de 100 francs.	32. 2580 . . .	0. 034
Pièce de 40 francs.	12. 9032 . . .	0. 026
Pièce de 20 francs.	6. 4516 . . .	0. 021
Pièce de 10 francs.	3. 2258 . . .	0. 018
EN ARGENT.		
Pièce de 5 francs.	25.	0. 038
Pièce de 2 francs.	10.	0. 028
FRANC unité monétaire.	5.	0. 022
1/2 franc ou 50 centimes.	2. 50	0. 018
1/4 de franc ou 25 centimes.	I. 25	0. 015
EN CUIVRE OU EN BILLON.		
DÉCIME = I/10 du franc (2 sous). . .	20	
1/2 décime = I/20 du franc (I sou). . .	10	
CENTIME = I/100 du franc.	2	

Les monnaies ne sont pas, à proprement parler, des mesures, et cependant elles se rattachent doublement au mètre : I° par leurs poids ; 2° par leur dimension.

Le franc, unité monétaire, est la partie d'un lingot renfermant 9/10 d'argent pur et I/10 d'alliage, et pesant 5 grammes.

Puisqu'une pièce de 1 franc pèse. . . . . .   5 grammes,
     une pièce de 2 » pèsera   10   »
     une pièce de 5 » »   25   »
 et vingt pièces de 5 » » 1000   » ou 1 kilogramme.

Les monnaies d'or contiennent aussi 9/10 d'or pur et 1/10 d'alliage ; leur poids est proportionné à la valeur de ce métal comparé à celui de l'argent ; à poids égal, sa valeur est quinze fois et demie celle de l'argent. Donc si 20 fr. en argent pèsent 100 grammes, la pièce d'or de 20 fr. ne pèsera que 6 grammes 45 centièmes, et la pièce de 40 fr. pèsera 12 grammes 90 centièmes.

Les monnaies de cuivre ont également un poids proportionné à la valeur de ce métal comparé à celui de l'argent. Elles devraient peser quarante fois plus à valeur égale, en sorte que le sou de 5 centimes pèscrait 10 grammes ; mais cette monnaie est d'origine si diverse qu'il était impossible de s'en servir comme poids.

Il n'est guère de ménages, surtout dans les campagnes, qui n'aient une paire de petites balances ; mais souvent ces balances sont démunies de poids, et surtout de poids métriques, ou bien ces poids sont plus ou moins altérés par le temps et par l'usage. Le tableau qui suit, et que nous devons à M. Phélipt, démontre que les monnaies nouvelles peuvent servir de poids et constater celui des objets achetés chez les marchands détaillistes.

TABLEAU COMPARATIF DES MONNAIES D'ARGENT NOUVELLES

AUX POIDS MÉTRIQUES.

2000	fr. pèsent	10,000	gram.	ou 10 kilog.		ou 20 livres usuelles		
1000	»	5,000	»	5		10		
900	»	4,500	»	4 plus 5 hect.		9		
800	»	4,000	»	4		8		
700	»	3,500	»	3	5	7		
600	»	3,000	»	3		6		
500	»	2,500	»	2	5	5		
400	»	2,000	»	2		4		
300	»	1,500	»	1	5	3		
200	»	1,000	»	1		2		
100	»	500	»	0	5	1 livre ou 16 onces		
75	»	375	»			3/4	12	—
50	»	250	»			1/2	8	—
25	»	125	»			1/4	4	—
12	50 c.	62	50			1/8	2	—
6	25	31	25			1/16	1 once ou 8 gros	
5	50	27	50				7/8	7
5	»	25	»				»	»
4	75	23	75				3/4	6
3	75	18	75				5/8	5
3	»	15	»				1/2	4
2	25	11	25				3/8	3
2	»	10	»				»	»
1	50	7	50				1/4	2
1	»	5	»				»	»
0	75	3	75				1/8	1
0	50	2	50					1/3
0	25	1	25					2/3

Comme il est difficile de fabriquer des pièces de monnaie d'un poids exact,
la loi tolère une petite erreur relative au poids de chaque pièce , et cette tolé-

rance est moitié en dehors , moitié en dedans , ce qui établit presque toujours compensation. Toutefois, on aura soin de faire choix des monnaies les moins usées, surtout quand il s'agira de poids minimes.

On peut donc, au lieu de compter l'argent, *le peser*, puisque 100 fr. pèsent 1/2 kil. (ou 1 livre). — Autant de 1/2 kilog. il y aura dans un groupe d'argent, autant de fois il devra contenir 100 fr.

Le franc pèse 5 grammes ; le gramme est le poids d'un centimètre cube d'eau distillée , et le centimètre est la centième partie du mètre : l'unité monétaire dépend donc du mètre par sa pesanteur spécifique.

Elles en dépendent encore par leurs dimensions , et l'on pourrait s'en aider pour retrouver les mesures linéaires. En effet :

OR.

1° le diamètre de 22 pièces de 100 fr. $= 0^m 034 \times 22 = 0^m 748$ $\Big\}$
   le diamètre de 14 pièces de 10 fr. $= 0^m 018 \times 14 = 0^m 252$ $\Big\}$ $= 1^m 000$

2° le diamètre de 32 pièces de 40 fr. $= 0^m 026 \times 32 = 0^m 832$ $\Big\}$
   le diamètre de 8 pièces de 20 fr. $= 0^m 021 \times 8 = 0^m 168$ $\Big\}$ $= 1^m 000$

3° le diamètre de 34 pièces de 20 fr. $= 0^m 021 \times 34 = 0^m 714$ $\Big\}$
   le diamètre de 11 pièces de 40 fr. $= 0^m 026 \times 11 = 0^m 286$ $\Big\}$ $= 1^m 000$

ARGENT.

4° le diamètre de 27 pièces de 5 fr. $= 0^m 037 \times 27 = 0^m 999$ . . . 1^m à 1 milli. près

5° le diamètre de 2 pièces de 2 fr. $= 0^m 027 \times 2 = 0^m 054$ $\Big\}$
6° le diamètre de 2 pièces de 1 fr. $= 0^m 023 \times 2 = 0^m 046$ $\Big\}$ $= 0^m 1$

On pourrait trouver encore plusieurs autres rapports, mais ces six exemples suffisent pour démontrer combien est admirable cette liaison entre les diverses parties du système métrique.

Avec les monnaies d'argent, on peut aussi retrouver le litre , et il suffira pour cela de faire entrer dans un vase une quantité d'eau pesant comme 200 fr. Un décilitre d'eau pèsera comme 20 fr. , et 1 centilitre comme 2 fr.

NOMENCLATURE DU SYSTÈME ANCIEN DES MONNAIES

ET DE LEUR COMPARAISON AVEC LES NOUVELLES.

La livre tournois (1) était l'unité monétaire : on la divisait en sous, dont chacun valait 1/20 de la livre, le sou en 12 deniers.

Par un heureux hasard, le *franc* a été reconnu avoir à peu près la même valeur que la *livre tournois;* il y a cependant une différence de $\frac{1}{80}$ en faveur du franc, c'est-à-dire qu'un franc vaut I liv. $\frac{1}{80}$ ou $\frac{81}{80}$ de livres; ou, ce qui revient au même, 81 livres ne valent que 80 fr.

Le rapport de la livre au franc et du franc à la livre est, d'après ce que nous avons dit, facile à déduire, puisque nous savons que

I livre vaut $\frac{80}{81}$ du franc, ou 0 fr. 987654321..., valeur remarquable, en ce qu'elle renferme les neuf chiffres en sens inverse.

Il suit de là que le franc vaut $\frac{81}{80}$ de la livre ou I liv. 0125.

Nous ne dresserons point de tables pour la comparaison des monnaies anciennes en nouvelles et réciproquement, parce que le franc est généralement usité aujourd'hui, et ce que nous avons dit de sa valeur relative à la livre doit suffire, si par hasard le besoin d'une évaluation se présentait. Seulement on se rappellera que, dans l'usage, on emploie rarement le mot de décimes, qu'on remplace par 10, 20, 30, 40 centimes, etc. Ainsi, au lieu de dire I, 2, 3, 4 décimes, on dit le plus souvent 10, 20, 30, 40 centimes.

(1) *Livre tournois*, parce qu'on la battait à Tours; la monnaie battue à Paris était appelée *parisi;* par exemple, on disait une livre parisis pour la désigner de la première, en ce qu'elle était plus forte d'1/5. Ainsi, la livre parisis valait 25 sous, le sou parisis 15 deniers, et la livre tournois valait seulement 20 sous, le sou 12 deniers.

La conversion des centimes en sous et des sous en centimes étant d'un usage fréquent dans le commerce de détail, il sera bon de se servir des règles suivantes (de M. Sonnet) qui sont d'une application très-facile :

1° RÈGLE POUR CONVERTIR LES SOUS EN CENTIMES.

Si le nombre de sous est pair, prenez-en la moitié et mettez un zéro à la droite.

Ainsi, pour convertir 14 sous en centimes, je prends la moitié de 14, qui est 7, et je mets un zéro à la droite, ce qui donne 70 centimes.

De même pour convertir 4 sous en centimes, je prends la moitié de 4, qui est 2, et je mets un zéro à la droite, ce qni donne 20 centimes.

Si le nombre de sous est impair, prenez la moitié du nombre immédiatement inférieur et mettez un 5 à sa droite.

Ainsi, pour convertir 17 sous en centimes, je prends la moitié de 16, nombre qui est immédiatement inférieur à 17, et à droite de cette moitié, qui est 8, je mets un 5, ce qui donne 85 centimes.

De même pour convertir 9 sous en centimes, je prends la moitié du nombre 8, qui est immédiatement inférieur, et à droite de cette moitié, qui est 4, je mets un 5, ce qui donne 45 centimes.

2° RÈGLE POUR CONVERTIR LES CENTIMES EN SOUS.

Si le chiffre des unités est un zéro, prenez le double du chiffre des dixaines.

Ainsi, pour convertir en sous 70 centimes, je prends le double du chiffre 7, ce qui donne 14 sous.

De même, pour convertir en sous 40 centimes, je prends le double du chiffre 4, ce qui donne 8 sous.

Si le chiffre des unités est un 5, prenez le double du chiffre des dixaines, augmenté de 1.

Ainsi, pour convertir en sous 95 centimes, je prends le double du chiffre 9, et à ce double, qui est 18, j'ajoute 1, ce qui donne 19.

Le chiffre des unités est ordinairement un zéro ou un 5 ; dans le cas contraire, le plus simple serait d'opérer directement la division par 5. On verrait ainsi que 87 centimes valent 17 sous et 2 centimes.

DE LA VALEUR DES MONNAIES A DIFFÉRENTES ÉPOQUES.

Pour bien comprendre ce que vaut une pièce de monnaie, il faut se représenter cette pièce comme une marchandise dont la valeur dépend, comme celle de tout autre, de sa rareté , de son utilité, du cas qu'on en fait, et des demandes dont elle est l'objet. Toute marchandise augmente de prix lorsqu'elle a peu de vendeurs et beaucoup d'acheteurs ; cette valeur est donc relative, c'est-à-dire qu'elle change avec le temps et les lieux; ainsi dans un pays où l'argent abonde, le métal a moins de valeur, ou, ce qui équivaut, les denrées sont plus chères.

Depuis la découverte de l'Amérique (1492), l'abondance de ce métal ayant considérablement augmenté, sa valeur (intrinsèque) a beaucoup diminué, c'est-à-dire qu'avec la même quantité de métal on ne peut plus acheter la même quantité de blé, de laine, de soie, etc.

Pour avoir une appréciation juste de la valeur de l'argent à une époque donnée, il faut comparer ce qu'il en a coûté pour obtenir ce métal de la mine, à ce qu'il en coûte pour obtenir un autre produit de la nature dont le prix ne soit pas sujet à des variations dictées par le caprice ou la mode. Nos plus célèbres économistes, Say et Garnier, ont pris le blé pour terme de comparaison.

D'après Garnier, le prix moyen du blé a été à peu près le même dans les temps de Solon, Démosthène, Cicéron, Néron, Valentinien III, Charlemagne ; ce prix a peu varié de 1440 à 1520 ; mais, à partir de cette dernière année, on voit ce même prix s'élever avec une grande rapidité, en raison de la grande quantité d'or et d'argent que l'Amérique a commencé à verser en Europe.

Le tableau suivant indique la valeur de l'hectolitre de blé à différentes époques, l'argent étant supposé à 900 millièmes, titre de nos monnaies actuelles.

A Athènes, au temps de Démosthène, l'hectolitre de blé valait	4 fr.	73 c.
A Rome, sous les consuls.	4	42
En France, sous Charlemagne.	4	24
— » Charles VII.	3	99
— en 1514.	5	45
— en 1536.	2	37
— en 1610.	22	07
— en 1640.	22	68
— en 1789.	23	72
— en 1820.	24	08
— en 1839 (août).	25	00

Une observation qui mérite d'être signalée ; c'est que, depuis 1500 jusqu'en 1839 , les prix du seigle, de l'orge et de l'avoine ont peu varié.

	orge		seigle		avoine	
en 1510 , l'hectolitre valait	13 fr.	25 c.	14 fr.	72 c.	8 fr.	01 c.
en 1600 , —	13	20	14	72	8	10
eu 1700 , —	13	15	14	60	8	00
en 1800 , —	13	12	14	50	8	00
en 1839 (août) —	13	72	14	84	8	36

Lyon. — Imp. d'Isidore DELEUZE.

MÉTROLOGIE

DE

DIX-HUIT DÉPARTEMENTS LIMITROPHES,

OU

Cableaux comparatifs des Mesures

spécialement usitées jusqu'à ce jour dans les

PROVINCES	DÉPARTEMENTS	PROVINCES	DÉPARTEMENTS
du Nivernais.	de la Nièvre.		de la Haute-Saône.
du Bourbonnais. . .	de l'Allier.	de la Franche-Comté	du Doubs.
de l'Auvergne. . . .	du Puy-de-Dôme.		du Jura.
	du Cantal. .		de l'Isère.
du Lyonnais.	de la Loire.	du Dauphiné.	de la Drôme.
	du Rhône.		des Hautes-Alpes.
	de l'Yonne.		
de la Bourgogne. . .	de la Côte-d'Or.		de la Haute-Loire.
	de Saône-et-Loire.	partie du Languedoc	de l'Ardèche.
	de l'Ain.		

Avec les Mesures métriques obligatoires depuis **1840**,

D'après les travaux de la Commission et de M. Gatley ;

PAR L. PASSOT.

Prix : 75 centimes.

CHEZ LES PRINCIPAUX LIBRAIRES DE CES DÉPARTEMENTS,
ET A PARIS, RUE DUPHOT, 17.

MÉTROLOGIE

DE DIX-HUIT DÉPARTEMENTS LIMITROPHES.

DÉPARTEMENT DE LA NIÈVRE.

 Valeur en Mètres.

Aune, *Toise* et *Pied*. Voyez les Mesures générales.

Perche de 18 pieds	5.847
— de 20 *id.*	6.497
— de 22 *id.* . . . . , ...	7.146
— de 24 *Id*	7.796

 Valeur en Ares.

Arpent de 100 perches, à 18 pieds.	34.189
— de 100 perches, à 20 pieds.	42.208
— de 100 perches, à 22 pieds	51.072
— de 100 perches, à 24 pieds.	60.780
Oeuvrée de vignes, de 10 perches, à 18 pieds.	3.419
— de 12 *id.*	4.274
— de 6 1/4, à 20 pieds.	2.658
— de 9 1/4 *id.*	3.846
— de 10 *id.*	4.221
— de 6 perches, à 22 pieds. . . . . :	3.064
— de 6 1/4 *id.*	3.192
— de 6 1/2 *id.*	3.221
— de 8 1/3 *id.*	4.236
— de 9 *id.*	4.597
— de 10 *id.*	5.107
— de 12 1/2 *id.*	6.384
— de 13 1/3 *id.* . . , ...	6.809
— de 16 3/4 *id.*	8.555
— de 8 perches, à 24 pieds	4.862
— de 10 *id.*	6.078
— de 12 1/3 *id.*	7.498

DÉPARTEMENT DE L'ALLIER.

 Voyez les Mesures générales.

 Valeur en Ares.

L'*Arpent* de 8 boisselées, }
La *Septerée* de 10 boisselées, en usage à Ebreuil , } 100 perches carrées, à 22 pieds par perche. . . 51.072
Et celle de 4 quartelées, en usage à Montluçon , }

La *Septerée* de 9 boisselées, en usage à Gannat 57.456
La *Quartelée* de la Palisse , contenant 8 coupées. 56.220
La *Coupée* de Doujon. 10.522
La *Cartonnée* de Cusset 12.156
— de Montmarault 10.522
La *Boisselée, idem.* 7.028
— de Burges-les-Bains. 7.597
OEuvre ou *Journal de vignes* , à Bourbon 3.80
— à Souvigny , Saint-Pourçain. 4.25
— à Montluçou 4.75
— à Moulins , le Doujon, Gannat 5.70
— à la Palisse, Cusset , Saint-Gérand 5.52

DÉPARTEMENT DU PUY-DE-DOME.

MESURES AGRAIRES.	*Valeur en Ares.*
OEuvre de vignes, de 100 toises carrées.	3.799
— de 102	4.255
— de 112 et 1/2.	4.274
— de 120.	4.558
— de 125.	4.748
— de 150.	5.698
— de 156.	5.926
— de 175.	6.643
— de 180.	6.838
— de 200.	7·597
Septerée de 625.	23.742
— de 800.	30.390
— de 900	34.189
— de 960.	56.468
— de 1000	37.987
— de 1200	45.585
— de 1248.	47.408
— de 1400.	53.182
— de 1440.	54.702
— de 1488.	56.525
— de 1500.	56.981
— de 1600.	60.780
— de 1650.	62.680
— de 1800.	68.377
— de 2000.	75.975
Prise de 625.	23.742
— de 641 2/3	24.375
— de 50.	1.899
— de 672 1/3	25.180
Rang de 112.1/2	4.274
Arpent pour les bois, de 1344.2/3	51.080
— de 1350.	51.283

DÉPARTEMENT DU CANTAL.

Valeur en Mètres.

Toise et *Pieds* de Paris. Voyez les mesures générales.

Toise dite *de ville*, de 6 pieds 6 pouces de Paris , en usage pour l'arpentage. 2.111

— de Montmurat. . . . . , ... 1.991

Brasse de 3 pieds 6 pouces. 1.787

— de 3 pieds 2 pouces 1.678

MESURES AGRAIRES. *Valeur en Ares.*

Aux ci-devant cantons d'Aurillac et Saint-Gernin.

Journal de pré, de 900 toises de ville carrées. 40.126

Sétérée de terre , de 400 *id*. . . . . , . . . 17.833

— de jardin , de 200 *id*. 8.917

Cantons d'Allanches , Massiac , Vic et Saint-Flour.

Journal de pré, et *Sétérée* de terre, de 1800 toises carrées de Paris 68.377

— de 900 *id*. 34.189

Cantons de Champs' , Mauriac et Riom.

Journal de pré, et *Sétérée* de terre, de 1000 brasses carrées de 3 pieds 6 pouces. 31.934

Sétérée de terre, de 400 *id*. 12.773

Cantons de Chaudesaigues , Salers et Condal.

Journal de pré, et *Sétérée* de terre, de 900 toises carrées de Paris. 34.189

Sétérée de terre de 400 *id*. 13.193

Canton de Laroquebrou.

Journal de pré, de 900 toises carrées de ville 40.126

Séterée de terre , de 480 *id*. 21.400

— de 400. 17,833

— de jardin , de 240 *id*. 10.700

Canton de Maure.

Journal de pré, de 900 toises de villes carrées. 40.126

— de vignes, de 90 *id*. 4.013

— de 121 toises carrées, à 6 pieds 1 pouce 8 lignes. . . . . , . . . 4.832

Sétérée de terre, de 720 toises de ville carrées. 32.099

— de 400 *id*. 17.833

— pour jardins et chenevières , de 200 *id*. 8,917

— de jardins , de 260 *id*. 11.591

— de terre, de 1296 toises, à 6 pieds 1 pouce 8 lignes. 51.337

Canton de Montfalvy.

Journal de pré , de 900 toises de ville carrées 40.126

— de vignes de 80 *id*. 3.567

Sétérée de terre , de 500 *id*. 22.292

— — de 400 *id*. 17.833

— de jardin , de 200 *id*. 8.917

Canton de Murat.

Journal de pré , et *Sétérée* de terre , de 900 toises carrées de Paris. 34.189

— de 700 *id*. 26.591

Canton de Pierrefont.

Journal de pré de 900 toises carrées de Paris. 34.189

Sétérée de terre , de 800 *id*. 30.390

Canton de Pleaux.

Journal de pré , de 900 toises de ville. 40.126

Quartelée de terre , de 180 *id*. 8.025

— de 150 *id*. 6.687

Canton de Ruynes.

Sétérée de 1152 toises carrées de Paris 43.761
— de 1600 *id.* 60.780

Canton de Saignes.

Journal, *Sétérée* ou *OEuvre* de prés et de vignes, de 1000 brasses carrées, de 5 pieds 6 pouces. . 31.034

Canton de Tanavelle.

Journal de pré, et *Sétérée* de terre, de 900 toises carrées de Paris. 34.189
Sétérée de terre, de 1300 *id.* . . . . , . 49.384

DÉPARTEMENT DE LA LOIRE.

MESURES DE LONGUEUR.   *Valeur en Mètres.*

Toise et *Pied* de Paris. Voyez les Mesures générales.

Toise de Saint-Étienne, Bourg-Argental, le Chambon, Firminy, la Fouillouse et Saint-Genest-Malifaux,
    5 pieds 6 pouces de Paris. 1.7866
— de Maclas et Bœuf, 5 pieds 9 pouces *id.* 1.8678
— de Rive-de-Gier, Saint-Paul-et-Jarret et Saint-Romain-en-Jarret. *Toise de Lyon.* 2.5652

MESURES AGRAIRES.   *Valeur en Ares.*

Bicherée, *Cartonnée*, *Cartalée*, *Meterée* ou *Mesure* dans toutes les communes des ci-devant cantons de
    Montbrison, Moingt, Boën, Saint-Georges-en-Couzan, Saint-Marcellin, Saint-Germain-Laval, Neronde,
    Saint-Juste-la-Pendue, Saint-Polgues, et dans les communes de Saint-Médard, Saint-Cyr, Marclop,
    Meylieu et Montrond, Cuzieu et Rivas. 9.497
— dans toutes les communes qui composaient les cantons de Roanne, La Pacaudière, Perreux, Regny,
    Saint-Symphorien-de-Lay, Villemontais, et les communes de Saint-Galmier, Chambœuf, Saint-Bonnet-
    les-Oules, Aveisieu, Laguimon et Chevrières. 10.552
— dans les communes du canton de Cervières. 7.255
— celles du canton de Charlieu et celle de Saint-Bonnet-des-Quarts. 11.597
— dans les communes des cantons de Sury, Saint-Jean-Soleymieux, Saint-Just-en-Chevalet, et celles de
    Chazelles, Bellegarde, Saint-André-le-Puy, Maringes, Virigneux, Viricelle, Grammont. 7.914
— dans les communes du canton de Rive-de-Gier et celle de Pavézin 12.875
— dans les communes des cantons de Valbenoîte, Firminy, La Fouillouse, Saint-Chamond, Saint-Romain-
    en-Jarret, et celles de Saint-Paul-en-Jarret Doizieu et Farnay. 9.576
— dans les communes des cantons de Maclas et Chambon, et dans celles de Bœuf, Malleval et Luppé. . 9.975
— dans la commune de Chavanay. 11.970
— dans les communes du canton de Belmont 9.893
— dans les communes du canton de Bourg-d'Argental. 7.977
— dans celles du canton de Pelussin. 11.172
— dans celles des cantons de Saint-Bonnet et Saint-Rambert. 8.548
Metanchée dans les communes du canton de Marlhes. 10.719
— dans les communes du canton de Saint-Genest-Malifaux. 10.736
Arpent dans les communes du canton de Feurs. 25.743
Journalée ou *OEuvrée* de vignes dans les communes des cantons de Montbrison, Moingt, Boën et Saint-
    Germain. 7.195
— dans les communes des cantons de Saint-Marcelin et Saint-Rambert. 6.525
— dans celles des cantons de Saint-Galmier, Roanne et environs, La Pacaudière, Perreux, Regny,
    Saint-Haon, Saint-Symphorien-de-Lay et Villemontais, et dans celles d'Ambierle, Saint-Germain, Noailly
    et Saint-Forgeux. 5.277
— dans la commune de Saint-Bonnet-des-Quarts. 5.698
— dans celles du canton de Pelussin. 5.586
— dans celles du canton de Rive-de-Gier. 5.149
— dans celles du canton de Charlieu. 5 799
Homme de prés dans les communes des cantons de Montbrison, Moingt, Boën, Saint-Marcelin, Saint-Ram-
    bert, Saint-Germain, Saint-Polgue. 33.239

DÉPARTEMENT DU RHONE.

MESURES DE LONGUEUR. *Valeur en Mètres.*

Toise de Lyon, de 7 pieds 6 pouces de Lyon (7 pieds 10 p. 10 lig. 740 de Paris) 2.5688
Pied id.. . . . . 0.3425
Toise de Villefranche, de 7 pieds 6 pouces de Paris 2.4363
Pied id. (Voyez mesures générales, chap. premier). 0.3248

MESURES AGRAIRES. *Valeur en Ares.*

Bicherée de Lyon , Anse , St-Cyr-au-Mont-d'Or, Mornant, Millery, St-Genis-Laval et l'Arbresle , de 196
    toises carrées lyonnaises, ou 1764 pas carrés de 2 pieds 1/2 lyonnais. 12.954
    — de Villefranche et Neuville, de 1600 pas carrés de 2 pieds 1/2 de Paris 10.552
    — de Tarare et Monsol , de 2400 pas carrés de 2 pieds 1/2 de Paris. 15.828
    — de Ste-colombe et Condrieu, de 1600 pas carrés de 3 pieds de Paris. 15.193
    — de Chamelet, de 1952 pas carrés, de 2 pieds 1/2 de Paris. 12.874
Mesure de Beaujeu, Amplepuis, Monsol, de 1200 pas de 2 pieds et 1/2 de Paris. 7.914

    — ancienne de Thizy,   de 1125 pas,   id 7.449
Coupée de Belleville   de 1100 pas,   id 7.255
    — de Julienas ,   de 600 pas,   id 3.957
Hommée de vignes de Lyon.   [1/3 de la bicherée]   id 4.311
    — — de Condrieu   [1/3 de la bicherée]   id 5.063
Ouvrée de Belleville et Monsol, de 800 pas . . . . . id 5.276

MESURES DE SOLIDITÉ. *Valeur en Stères.*

Moule de bois sur le Rhône. 1.843
Moule de bois sur la Saône. 1.689

MESURES DE CAPACITÉ.—[Liquides.] *Valeur en Litres.*

Année de vin de Lyon 93.22
    — de Belleville 108.72
Vase de Condrieu. 76.17

Matières sèches.

Bichet [du grenier] de Lyon 54.28
    — [de bateau] de Lyon 54.99
    — avec coupon de Villefranche. 28.94
    — sans coupon de Villefranche 25.72
    — d'Anse 25.53
    — de Ste-Colombe 28.05
Mesure de Tarare 21.19
    — de Beaujeu. 22.63
    — de Chamelet 16.72
    Ancienne de Thizy 19.57
Coupe de Belleville 15.43
Benne de Lyon pour le charbon de terre 74.07
    — de Givors *id.*. 68.57
    — de Lyon pour la chaux 40.04
Voie de Lyon pour le charbon de bois 172.17

DÉPARTEMENT DE L'YONNE.

MESURES DE LONGUEUR. *Valeur en Mètres.*

Toise de Paris 1.949
— de Bourgogne , de 7 pieds et 1/2 . . . . 2.436
Perche de Bourgogne , de 9 pieds et 1/2 . . . . 5.086

— ou *Corde*, de 18 pieds de roi. 5.847
—   de 19. . . . . 6.172
—   de 20 . . . . 6.497
—   de 22 . . . . 7.146
—   de 24 . . . . 7.793
—   de 25 . . . . 8.121
—   de 26 . . . . 8.446

MESURES AGRAIRES.   *Valeur en Ares.*

Perche carrée ou *Carreau*, la perche linéaire étant de 9 pieds et 1/2. . . . . 0.09325
—   de 18 pieds. 0.34189
—   de 19. . . . . 0.38093
—   de 20. . . . . 0.42208
—   de 22. . . . . 0.51072
—   de 24. . . . . 0.60780
—   de 25 . . . . 0.63950
—   de 26 . . . . 0.71532
Arpent de 100 perches, à 18 pieds 34.189
—   à 19 pieds 38.093
—   à 20. . . . . 42.208
—   à 22. . . . . 51.072
—   à 24. . . . . 62.780
—   à 25. . . . . 65.950
—   à 26. . . . . 71.532
— de 80 perches , à 22 pieds. 40.858
— de 120   *id* 61.286
— de 360 perches, à 9 pieds et 1/2 . . . . 34.283
— de 240   *id* 22.855
Ouvrée ou *Hommée* de 54 perches, à 9 pieds et 1/2 . . . . 5.142
—   50 perches *id* 4.761

DÉPARTEMENT DE LA COTE-D'OR.

MESURES DE LONGUEUR.   *Valeur en Mètres.*

Toise et *Pied* de Paris. (Voyez mesures générales, chap. Ier.)
Toise de 7 pieds 6 pouces 2.436
Perche de Bourgogne, de 9 pieds 6 pouces 3.086
— de 22 pieds. . . . . , ... 7.146
MESURES AGRAIRES.   *Valeur en Ares.*

Perche carrée, dite de Bourgogne. 0.095
— de 22 pieds de côté 0.511
Arpent de 100 perches à 22 pieds 51.072
— de 449 à 9 pieds 1/2 . . . . 42.759
Grand *Journal* de 360 perches à 9 pieds 1/2. . . . . 34.284
Petit *Journal* de 240 idem 22.855
Ouvrée, huitième du grand Journal 4.285

NOTA. Le Journal , la Soiture , la Danrée , la Parisée , sont des divisions de l'arpent et en valent tantôt les 3/4 , les 2/3 , le 1/2 , les 2/5 , etc. Il suffit de connaître l'unité principale pour avoir la valeur des divisions.

DÉPARTEMENT DE SAONE-ET-LOIRE.

MESURES DE LONGUEUR. — *Valeur en Mètres.*

Toise de 6 pieds de roi et ses subdivisions. *Voyez* mesures générales, chap. Ier.

Toise de Bourgogne de 7 pieds 6 pouces. 2.469

MESURES AGRAIRES. — *Valeur en Ares.*

Arpent dit de *France*, 100 perches de 22 pieds ou 48400 pieds carrés, partie méridionale du département. 51.072

1/4 de *l'Arpent royal* ou *la Mesure*   de 12100   id 12.768

1/16   id.   ou 1/4 de la mesure ou la *coupe* 3025   id. 51.92

La tranche ou 3/4 de la mesure ou 3 fois la coupe 9075   id. Charollais. 9.576

Arpent coutumier de Bourgogne, de 440 perches de 9 pieds 1/2, ou 59710 pieds carrés. 41.902

— de Bourgogne   de 540 —   12 ouvrées   ou 48755   » 51.425

— de 100 perches de 19 pieds   ou 36100   » 38.095

Journal de Bourgogne et *Soiture* 360 perches de 9 pied 6 pouces, ou 32490 pieds carrés 34.284

1/3 du   —   ou mesure ou 120 —   —   ou 30850   — 11.428

1/6 —   —   ou coupée   60 —   — 5.714

1/4 —   —   ou mesure   90 —   — 8.571

1/8 —   —   ou ouvrée   45 —   — 4.285

Petit Journal de 240 perches 22.856

Ouvrée de vignes, ibid. 4.285

Bichetée de 1200 toises carrées, ou 43200 pieds carrés (2 mesures). 43.585

— de 900 —   ou 32400   —   (2 mesures de 450 toises carrées). . . . 34.189

— de 1000 —   ou 36000   —   (se divise en trois boisselées et la b. en 2 coupes). 57.987

— de 1500 —   ou 54000   —   („ ou 4 boisselées ou mesures). 56.981

Boisselée de 500 —   ou 10800   — mesure de Paray (4 boisselées - la bichetée de 12000). 11.396

— de 350 —   ou 12600   — mesure de Charolles. 13.296

Coupée de Ratabelle de 60 toises carrées de 7 pieds 6 pouces, ou 3375 pieds carrés. 3.361

— de Tournus de 75 —   —   ou 4218 pieds 9 pouces carrés. . . . 4.452

— de Tournus de 80 —   —   ou 4500 pieds carrés. 4.748

— de Romenay de 100   —   ou 5625   id. 5.935

— de Mâcon, de 600 pas carrés de 2 p. 1/2   ou 3750   id 3.957

— dite de St-Romain ou de Bresse, de 1200 pas carrés de 2 pieds 1/2 ou 7500 pieds carrés . . 7.914

MESURES DE SOLIDITÉ. — *Valeur en Stères.*

Moule de bois de chauffage (4 pieds de toute dimension, ou 64 pieds cubes) 2.194

MESURES DE CAPACITÉ. (Liquides.) — *Valeur en Litres.*

Tonneau, jauge de Bourgogne, contenant 240 pintes 22.352

Matières sèches.

Coupe de Mâcon en boisseaux ou 1/4 d'hectolitre 13.495

Année de 20 coupes 28.535

DÉPARTEMENT DE L'AIN.

MESURES DE LONGUEUR POUR LES TERRAINS. — *Valeurs en mètres*

Le *pied*, élément de ces mesures, égal au pied de roi. 0,324839

Le *compas* de 5 pieds. 1,62420

La *perche* de 9 pieds. 2,92355

— . . . 9 1/2 pieds. 3,08597

— . . . 18 5,84711

— . . . 22 7,14647

VALEUR DES MESURES AGRAIRES EN ARES.

Communes de l'arrondissement de Belley.

	Seytive.	*Mesure de terre.*	*Ouvrée de vignes.*
Ambérieux.	28,702	5,784	3,166
Saint-Denis	35,244	5,909	2,533
Ambutrix	26,789	6,694	3,376
Vaux	34,611	8,316	3,747
Château-Gaillard et Saint-Maurice	45,901	6,226	2,786

	Seytive ou Soiture.	*Mesure ou Bicherée.*	*Ouvrée.*
Ambronay, Douvre, l'Abergement-de-Vaux, St-J.-le-Vieux.	49,232	8,205	4,103

	Journal.	*Seytive.*
Arane.	21,349	19,867
Corlier.	16,031	15,802
Lacouz.	19,326	21,425
Moutgriffon et Nivollet.	20,969	18,120

	Journal et Seytive.	*Ouvrée.*
Ander et Coudon, Arbigneux, Belley, Brens, Chazey et Rhotthonod, Colomieux, Magnieux, Massigneux et Ecrivieux, Parves et Chemillieux, Saint-Champ, Saint-Germain-les-Paroisses, Virignieu.	27,014	3,376

	Journal Seytive et de Genève.	*Ouvrée et Pose et Fossoyée.*
Amezieux, Champagne, Charancin et St-Maurice, Chavornay, Fitigneux, Lompnieux, Sutrieux, Vieux, Virieux-le-Petit, Bcon, Cezerieux (1), Cressin et Rochefort, Culos, Flaxieux, Lavour, Massigneux, Pollieus, Talissieux, Vognes, Brenier et Condon, Conzieux, Geligneux, Izieux, Peyzieux, Premezel-St-Benoist, Saint-Bois, Anglefort, Chanay, Chorbonod, Seyssel, Armix et Prem lieux, Belmont, Contrevos, Cuzieux, Laburbanche, Pugieux, Rossillon, Saint-Martin-de-Bavel, Virieux-le-Grand, You et Cervericux.	27,013	3,376

	Journal ou Seytive.	*Seytive du pays.*
Cormaranche (2), Hauteville, Lompnes, Longecombe, Thessilieux, Vaux, St-Sulpice	34,284	42,854

	Journal ou Seytive.	*Bicherée.*	*Ouvrée.*
Chazey, Lagnieu, Leyment, Loyette, Prou ieux, Ste-Julie, St-Sorlin, St-Vulbas.	22,792	11,396	3,799

	Journal ou Seytive.	*Ouvrée.*
Ambleon (3), Briord, Groslé, Inimond, Lhuis, Lompnaz, Marchand, Montagnieux, Ordonnas, Seillonas	30,390	7,601

Cerdon, Jujurieux, Mérignat, Pontoin, St-Jérôme.	*Journal et Seytive.*	22,792
	Bichette ou Mesure.	7,598
	Ouvrée..	3,799

Arans, Argis, Chaley, Clessieux, Evosges, Hostiax, Oncieux, Saint-Rambert, Tenay, Torcieux.	*Seytive* de 28,491 à 34,189
Saint-Rambert, Oncieux, Argis, Tenay, Chaley, Torcieux.	*Bichette* de 6,079 à 7,598
Arondaz, Evosges, Hostiax et Clessieux.	*Journal* de 18,234 à 22,792
Saint-Rambert, Torcieux, Argis, Tenay e. Oncieux.	*Ouvrée* de 2,849 à 3,039
Brenaz, Lilignod, Lochieux, Passin et Poissieux, Ruffieux, Songieux	*Seytive ou Journal.* à 25,536
Benonce, Serrière-de-Briord, Souclin, Villebois.	*Seytive* 22,792

(1) Dans les fonds fertiles et faciles à cultiver, le journal de Cezerieux n'est que de : ares 20,26 de l'ouvrée de 2,355.

(2) Dans ces communes le journal varie de 17 à 62 ares, et le seytive de 32 à 62, selon l'inclinaison du terrain, sa fertilité ou la facilité de la culture.

(3) Le journal a été ainsi fixé pendant la révolution ; il n'avait auparavant aucune étendue fixe.

Villebois et Souclin.	*Journal.*	22,792
Serrière et Benonce.	*Id.*	17,095
Villebois et Souclin.	*Ouvrée*	3,799
Serrière et Benonce.	*Id.*	3,039

Arrondissement de Bourg.

Bourg, Buellas, Lent et Longchamp, Montagnat, Montracol Perronnas, Polliat, St-André-le-Panoux, St-Denis, St-Just, St-Remy, Servas, Viriat et Flériat	*Coupée* (1)	6,595
Aisne et Vesine, Asnière, Bagé-le-Châtel, Bagé-la-Ville, Bercissiat, Dommartin, Feillens, Manziat, Marsonnas, Replonge, Saint-André-de-Bagé, Saint-Laurent.	*Coupée et Ouvrée.* *Meytérée.* *Meau et Charrée.*	6,595 39,570 19,785
Bohas, Cezeriat, Drom, Hautecour, Jasseron, Journan, Meyriat, Ramasse, Revonnas, Rignat, Romanèche, Ville-Reversure, Certines et les Ripes, Dompierre, Druillat, Latranclière, Neuville-sur-Ain et Thol, Pont-D'ain, Priay, St-Martin-du-Mont, Tossiat, Varambon, Cormoranche et Bey, Crottet, Cruzille, Griège, Laïz, Mepillat, Perex, Pont-de-Veyle, Saint-André-d'Huiriat, Saint-Cyr-sur-Menthou et Greziat, Saint-Genis-sur-Menthon, Saint-Jean-sur-Veyle, St-Sulpice.	*Coupée* *Ouvrée*	6,595 3,297
Arnand, Chavanes, Cize, Corvessiat, Germagnac, Grand-Corrent, Pouillat, Saint-Maurice-d'Echaseau, Simandre.	*Coupée de Chavannes.* *Ouvrée Id.* *Coupée de Treffort.* *Ouvrée Id.*	7,255 3,627 7,692 3,847
Simandre, Pouillat, Germagnac et Chavannes.	*Journal.*	34,274
Beaupont, Coligny, Grand-Villard, Villeneuve et Domsure. Marbos, Pirajoux, Salavre, Verjon, Villemotier.	*Journal et Soiture.* *Ouvrée*	34,284 4,286
Confrançon et Saint-Didier-d'Aussiat	*Coupée*	5,711
Attignat, Cras, Curtafond, Etrée, Foissiat, Malafretas, Montrevel, St-Martin-le-Châtel.	*Coupée*	6,595
Cherroux, Boisset et Saint-Etienne.	*Coupée*	6,595
Arbigny, Boz, Chavannes, Gorrevod, Ozan, Pont-de-Vaux, St-Benigne, Sermoyer.	*Coupée*	9,615
Saint-Jean et Jayat	*Coupée*	6,595
Cormos, Courtes, Curtiat-Dongalon, Lescheroux, Mantenay, Montlin, Saint-Julien, Saint-Nizier, Saint-Trivier-de-Courtes, Servignat, Vécour, Vernoux.	*Coupée*	11,539
Teffort, Cuisiat, Pressiat	*Coupée*	7,914
Meillonas, Saint-Etienne-du-Bois, Beny.	*Coupée*	6,595
Courmangoux	*Coupée*	8,571
Beny, Courmangoux et Roissiat, Cuisiat, Meillonas et Sauciat, Pressiat, Saint-Etienne-du-Bois, Treffort.	*Ouvrée*	3,297

Arrondissement de Nantua.

Charix, Laleyriat et Poizat, Nantua, Neyrolles.	*Seytive.* *Mesure.*	34,189 7,218
Arlos, Billat, Cras, Jajoux, L'Hôpital, Ochias, Surjoux, Villes	*Journal, Seytive ou Soiture.* *Ouvrée*	28,870 3,799
Brenod, Champdor, Corcelles, Izenave, Lantenay, Vieux-d'Izenave.	*Seytive* (2). *Journal.*	34,189 26,592

(1) Appelée vulgairement *coupée de Bresse*, et connue dans la plus grande partie du département.
(2) Dans les prés inclinés rapidement, elle peut s'étendre jusqu'à 38, et même 49,38.

Champfronier, Châtillon-de-Michaille, Montagne, Musinaus, Saint-Germain-de-Joux, Vouvray.	*Ouvrée*	3,799
	Seytive, Journal ou Soiture.	28,870
Grand-Abergement, Hotonc et Rivoire, Petit-Abergement.	*Journal.*	25,526
	Scytive	28,601
Challes, Etables, Labalme, Leyssart, Peyriat, Saint-Alban, Volognat.	*Scytive*	22,792
	Mesure	6,647
Apremont, Chevillard, Concamine, Geovraissiat, Groissiat, Maillat, Martignat, Montréal, Port, Saint-Martin-du-Fresne, Bolozon, Grange, Izernore, Matafelon, Mornay, Napt, Samognat, Sonthonax.	*Seylive*	33,239
	Mesure	6,647
Arbane	*Soiture et Journal.*	26,592
Bellydoux, Belignat, Bouvent, Dortan, Echallon, Geovresset, Giron, Oyonnax, Veiziat	*Soiture et Journal.*	24,692
Ars, Beauregard, Civrieux et Bernoud, Franc, Genay, Jassan, Massieux, Myonnay, Miserieux, Montenay, Parcieux, Rancé, Reyrieux-Toussieux et Poulieux, Satonay, Saint-André-de-Corcy, Saint-Bernard, Saint-Didier-de-Forment, Saint-Euphémie, Sant-Jean-de-Thurigneux, Saint-Marcel, Tramoyc, Trévoux.	*Bicherée.*	12,878
Crans, Chalamont, Chatenay, Châtillon-Lapallu, Leplantay, Ronzuel, Saint-Nizier-le-Désert, Versailleux, Vilette.	*Coupée*	6,595
	Ouvrée	3,297
	Bicherée	10,552
Biziat, Châtillon-sur-Chalaronne et Clémenciat, Chaveyriat, L'Abergement, Meizeriat et Montfalcon, Moncet, Neuville-sur-Renou, Saint-Julien-sur-Veyle, Sulignat, Vendeins, Vonnas et Luponas	*Coupée*	6,595
	Bicherée	13,190
	Métérée	52,761
	Sétérée	105,521
Condeissiat, La Chapelle, Marlieux, Roman, Sandran, Saint-André-le-Bouchoux, Saint-Germain-de-Renen, Saint-George-de-Renon, St-Paul-de-Varrax.	*Coupée.* pour l'avoire	8,245
	pour le froment	6,595
Bizieux, Bourg-Saint-Christophe, Charnos, Cordieux, Faramant, Joyeux, Lemontillet, Loyes, Meximieux, Mollon, Perouge, Rigneux-le-Franc, Samas, St-Eloy.	*Seytive*	31,636
	Bicherée	10,552
	Ouvrée	3,517
Balan, Beinort, Belligneux, Bressoles, Laboisse, Miribel, Montluel, Neyron, Niévros, Pizay, Rilleux, Sainte-Croix, Saint-Jean-de-Niost, Saint-Maurice-de-Beynost, Saint-Maurice-de-Gourdan, Thil	*Bicherée*	10,552
	Ouvrée	3,517
Messymy, Farcins et Chaleins.	*Bicherée*	10,552
Amareins, Cesseins, Francheleins, Genoulleux, Guérins, Lurcy, Montuau.	*Coupée*	8,903
Saint-Trivier-sur-Moignan, Bancins, Bereins, Chaneins, Saint-Cyr.	*Coupée*	8,903
Ambérieux, Aignereins, Savigneux, Monthieu, Villeneuve et Champteins	*Bicherée.*	11,634
Bouligneux, Lapeyrouze, Saint-Olive, Villars.	*Bicherée*	10,522
Mogneucius, Peyzieux, Valeus.	*Coupée*	8,903
Dompierre, Garnerans, Illiat, Saint-Didier-sur-Chalaronne, Saint-Etienne-sur-Chalaronne, Toissey.	*Coupée*	7,914
Dans beaucoup de communes de ce département on emploie l'arpent forestier, dont la valeur est en ares		81,072
Et l'arpent de Paris qui vaut.		34,189

Nota. Les mesures, dans ce départemen, varient suivant l'inclinaison du terrain, la fertilité ou la facilité de la culture.

DÉPARTEMENT DE LA HAUTE-SAONE.

MESURES DE LONGUEUR.

Valeur en Mètres.

Toise et *pied* de Paris. Voyez Mesures générales, chap. 1er.

Pied ancien de Bourgogne, de 12 pouces 2 lignes et 4 points. 0.330109

Perche de 9 pieds 1/2 anciens. 3.136

— de 22 pieds de roi. 7.1464

MESURES AGRAIRES.

Valeur en Ares.

Arpent de bois, de 100 perches de 22 pieds de roi. 51.072

Journal de champ, de 4 quartes ou 360 perches , de 9 pieds 1/2 anciens. . . . . . } 35.404

— et *Fauchée* de prés, *id*.. . . . . }

Quarte de 112 perches 1/2, pied ancien. 11.063

— de 108 perches *id*. 10.621

— ou *Penal*, de 24 coupes ou 90 perches *id*. 8.8508

Ouvrée de vignes , de 12 coupes . . . . } 4.4239

Boisseau de terre, *id*. . . . . }

Coupe de 3 perches 3/4 ancien pied. 0.36924

DÉPARTEMENT DU DOUBS.

MESURES LINÉAIRES.

Valeur en Mètres.

Le *Pied* ancien de Bourgogne. 0.33071

— de Besançon 0.5147

— dit *Le Comte* 0.5375

— dit *de roi*. . . . . , . . 0.3248

La *Toise* de Besançon , contenant 9 pieds de Besançon 9.8326

— ancienne de Bourgogne ou *Perche* ancienne *id*. , de pieds et 1/2 anciens de Bourgogne . . . 3.1417

— dite *Le Comte* , de 7 pieds le comte 2.5306

— dite *de roi*, de 6 pieds 1.9490

MESURES AGRAIRES.

Valeur en Ares.

La *Perche carrée* , à 9 pieds 1/2 anciens de Bourgogne 0.09871

Le *Journal*, de 360 desdites perches 35.533

— de 240 *id*. 23.6896

— de 720 *id*. 71.068

La *Perche carrée* à 22 pieds et 1/2 anciens de Bourgogne 0.5537

Le *Journal* , de 360 desdites perches 199.325

La *Perche carrée*, à 9 pieds et 1/2 , dits de *roi* 0.09523

Le *Journal*, de 360 desdites perches. 34.284

— de 240 *id* 22.856

La *Perche carrée* , à 22 pieds de roi. . . . . : . . 0.5107

L'*Arpent* de 100 desdites perches 51.072

La *Toise carrée* , ou *Perche carrée* de Besançon 0.08023

Le *Journal* , ou *Faux* , de 360 desdites perches 28.886

DÉPARTEMENT DU JURA.

MESURES DE LONGUEUR.

Valeur en Mètres.

Aune de Provins 0.8280

— de Poligny. 1.207

Pied ancien de Bourgogne, égal à 2/3 de l'aune de Provins 0.3512

— dit *le comte*. 0.3580

Toise le comte. 2.506

Perche courante 3.1644

MESURES AGRAIRES.*Valeur en Ares.*

Perche carrée 0.0990
Journal de 360 perches carrées. 35.64
Ouvrée 4.45
Mesure. 5.93
Arpent de 440 perches carrrées (canton de Raison). 45.56
— de 100 — — à 22 pieds (eaux et forêts). 51.072

DÉPARTEMENT DE L'ISÈRE.

MESURES DE LONGUEUR.*Valeur en Mètres.*

La *Toise* de Paris. 1.949
La *Toise delphinale* 2.04607
— de mandement. 1.90375

MESURES AGRAIRES.*Valeur en Ares.*

La *Toise delphinale* carrée.. . . . . 0.041865
— de mandement , *id.*. 0.056249
Mesure de 50 toises delphinales. 2.093
— de 75 *id.* 3.140
— de 90 *id.* 3.768
— de 100 *id.* 4.186
— de 225 *id.* 9.419
— de 300 *id.* 12.559
— de 400 *id.* , en usage à Vierne , Montseveroux , Bozaucieu , Maubec , Bourgoin , St-Chef, Roche , Entraigues , Corps , Saint-Symphorien-d'Ozon , Villette-Serpaize. 16.746
— de 450 *id.* 18.859
— de 600 *id.* , à Voiron , Moirens , Rives , Pont-de-Beauvoisin , la Tour-du-Pin , Moretel , Virieu , Quirieu , Crémieux , Frontonas , Allevard , Goncelin , Pontcharra , Barraux , Saint-Laurent-du-Pont , les Abrets , St-Jean-d'Avelane , Mens. 25.118
— de 625 *id.* , à Villette-d'Anthon. 26.165
— de 800 *id.* 33.491
— de 900 *id.* , Grenoble et ses environs, la Saône, Saint-Étienne-de-Geoirs, Chanas, Saint-Antoine, Roybon , Moirans , Tullins , l'Albenc , Vinay , Rives , Bourgoin , Saint-Chef , Morestel , Virieu , Lemps , Roussillon , Saint-Marcelin , Pont-en-Royans, la Tour-du-Pin, les Abrets, Pont-de-Beauvoisin , St-Geoire , Saint-Jean-d'Avelane. 37.677
— de 1000 *id.* 41.865
— de 1200 *id.* 50.237
— de 2400 *id.* 100.471
— de 900 toises de mandement , carrées 52.624
— de 675 *id.* 24.468
— de 50 *id.* 1.813
— de 100 toises de Paris , carrées. 3.799
— de 133 *id.* 5.052
— de 150 *id.* 5.698
— de 400 *id.* 15.195
— de 500 *id.* 18.994
— de 600 *id.* , à Saint-Laurent-de-Mure. 22.792
— de 900 *id.* 34.887
— de 1344 *id.* 51.055

DÉPARTEMENT DE LA DROME.

MESURES DE LONGUEUR.*Valeur en Mètres.*

La *Toise* de Paris. 1.94904
— dite *delphinale* 2.04607
— dite *épiscopale* 1.8491
La *Canne* de Dieulefit et Donzère. 2.0032
— de Grignan 1.98565
— de St-Paul-trois-Châteaux , Taulignan et Lamotte-Chalançon . . 1.98515
— de Bourdeaux et Molans 1.98085
— de Pierrelatte 1.97615
— de Remuzat et Vinsobres. 1.94904
— de Châteauneuf-de-Mazène , Marsanne, Montélimart et Sauzet. . . 1.8716

MESURES AGRAIRES.   *Valeur et Ares.*

La *Sétérée*, de 1800 toises carrées de Paris, en usage dans les communes de Condorcet Le Buis,
    Montauban et Montbrun 68.377
    — de 1225 toises carrées de Paris, en usage à Montmirail 45.555
    — de 1050 delphinales, *ibid* 43.957
    — de 1000 toises carrées delphinales, en usage à Bourg-lés-Valence 41.864
    — de 1000 toises carrées de Paris, à Châteauneuf-de-Mazéne 37.937
    — de 1500 *id*, à Saillans 56.981
— de 900 toises carrées delphinales, en usage à Hauterive, Châteauneuf-de-Galaure, Hostum, Loriol,
Molans, Montellier, Moras, Peyrins, Rochefort, Samson, Romans, Saint-Paul-les-Romans, Saint-
Jean-en-Royans, Tauliguan, Unité-sur-Isère 37.674
— de 600 toises carrées delphinales, à Die 25.118
— de 600 toiles carrées épiscopales, à Livron 20.515
— de 900 toises de Paris, en usage à Bourg-lés-Valence, Chabeuil, Hostum, Montellier, Romans, Saillans, Saint-Paul-les-Romans, Saint-Romain-d'Albon, Tain et Unité-sur-Isère 34.189
— de 800 toises carrées de Paris, en usage à Châtillon, Chabeuil, Pontaix, Valdrome 30.390
— de 720 *id.*, à Bourdeaux 27.351
— de 700 *id.*, à Chabeuil, Pontaix, Saint-Julien-en-Quins 26.591
— de 750 toises carrées épiscopales, à Bourg-les-Valence, Étoile, Livron, Valence 25.644
— de 600 toises carrées de Paris, à Alex, Aouste, Bourdeaux, Chabueil, Clérieux, Chabrillan, Château-
neuf-de-Mazéne, Crest, Luc, Pontaix, Saillans, Saint-Nazaire-du-Désert 22.795
—de 468 et 1/3 *id.*, à Montelimart 17.601
Salmée, de 2640 et 3/4 toises *id.*, ou 2300 cannes carr., à Donzère 100 316
    — de 2306 *id.*, à Pierrelatte et Vinsobres 94.969
    — de 1600 toises carrées delphinales, à Molans, Sainte-Jalle et Tauliguan 66.982
    — de 1600 *id.* de Paris, à Sainte-Jalle 60.780
Arpent, de 6 éminées de 200 toises carrées de Paris chacune, en usage à Nyons 45.585

DÉPARTEMEMT DES HAUTES-ALPES.

MESURES DE LONGUEUR.   *Valeur en Mètres*

La *Canne* ou *Toise ordinaire*, en usage dans tout le département, à l'exception des cantons et communes ci-apres : 1.9506
— ou *Toise delphinale*, cantons de Embrun, Chorges, Saint-Clément, Baratier, et commune de Saint-
Chaffray 2.0007
— cantons de la Grave et Monestier 1,9006
— cantons de Saint-Eusébe et Saint-Firmin, et commune de Lasalie, dans le canton de Mouestier . . 2.0607
— canton de Ville-Vieille 1.0303
    Nota La *Canne* ou *Toise* est l'élément des mesures agraires ; elle se divise en 6 pieds ou en 8 pans.

MESURES AGRAIRES.   *Valeur et Ares.*

La *Sérétée* de 2 éminés 4 quartelées et 24 civayers, dans les cantons d'Orpierres et la Rochette, et dans
les communes de Rambaud, la Bastide-Vieille, au canton de la Bastide-Neuve, Château-Vieux, au
canton d'Étallard, et Montbrand, au canton d'Aspres 34.185
— dans les cantons de Val-des-Prés, Abries, Saint-Bonnet, Orcière, Chabottes, et Saint-Julien et
la commune de la Roche, au canton d'Argentières 15.19
— dans les cantons de Guillestre et Montmorin 11.398
— dans la commune de Saint-Martin, au canton d'Argentières 15.65
— canton et commune d'Argentières 13.43
— canton de *Lagrave* 9.116
— canton d'Embrun 9.716
canton de Ville-Vieille 12.218
commune de Saint-Veran, au canton de Ville-Vieille 15.69
Sétérée de 4 *quartelées*, canton de Saint-Eusèbe et dans les communes de Guillaume-Perouse, Clémence-
d'Ambel, et Aspres-les-Corps, au canton de Saint-Firmin 16.97
— canton de Saint-Firmin 22.06
— de 16 *éminées*, canton de Ribiers 30.39
Charge de 6 *éminées* ou 72 *civayers*, cantons de Gap et la Bastide-Neuve, et dans les communes d'Avançon,
au canton de Saint-Etienne, et de Neffes au canton de Tallard 39.89
— canton de Gap, Embrum, Savides, et dans la commune de Château-Vieux, au canton de Saint-Clément. 42.03
— cantons de Veynes et Saint-Etienne-d'Avançon, et dans les communes de Jarjayes, au canton de Tallard
et de Pelleautier, au canton de Laroche 45.58
— au canton de Ghorges 64.05
— canton de Saint-Clément 51.23
— La *Charge* de 5 *éminées* dans les communes de Tallard et de Lettrel, au canton de Tallart 28.49
Éminée de 8 civayers, canton d'Orpierre 22.80
— communes de la Faurie et Aguielles, au canton d'Aspres 15.19
— commune de la Beaume, au canton d'Aspres 7.595
— commune d'Aspres-les-Veynes 7.975
— autres communes du canton d'Aspres 9.496

Le Poucur de 3 fossorées, dans les cantons de Embrun, Savines, Serres, et les communes de Tallard, Lettret et Jarjayes, au canton de Tallard 12.008
— cantons de Gap et de Veynes 11.598
— dans la commune de Château-Vieux, au canton de Tallard 17.09
— dans celle de Neffes, même canton. 15.19
Fossorée dans le canton de Riliers. 4.745
Faucheur, dans les cantons de Gap et de Veynes 30.39
Nota. Le Poucur et la Fossorée sont employés pour les vignes, le Faucheur pour les prés.

DÉPARTEMENT DE LA HAUTE-LOIRE.

MESURES AGRAIRES. *Valeur en Arcs.*

Journal de 676 toises carrées, le Puy, St-Paulien et Cayres. 25.679
— de 800, Solignac. 30,390
Nota. Le journal se divise en quatre cartonnées, et la cartonnée en 6 boisseaux.
Seypterée de 1800 id., Brioude, Langeac, Auzon, la Chaise-Dieu, Crapoune, St-Ilpise, Roche, Allegre, Lavoute. 68.377
— de 1600 id., Saugues, Lampdes, St-Front et Blesle 60.776
— de 2000 toises carrées, Blesle. 75.973
Nota. La seypterée se divise en 8 cartonnées.
Cartonnée de 900 toises carrées, St-Pal. 34.189
— de 180, Loude 6.838
OEuvre de vigne de 225 toises carrées, le Puy. 8.547
— de 180 id., Lavoute. 6.838
Cartade de 600 id., Arlempes et Pradelle 22.792
Se divise en 4 cartelières ou 16 boisseaux.
Metanchée de 300 toises carrées, Monistrol et Bas. 11.396
Se divisse en deux cartes ou huit coupes.
Metanchée de 168 toises, 0 pieds, 3 pouces carrés, Tence et Fay 6.382
Se divise en 8 boisseaux.
Cartonnade de 200 toises carrées, Rozières, Goudet, St-Julien et St-Privat. 7.597
Contient 8 boisselades.
Arpent des eaux et forêts 51.072

DÉPARTEMENT DE L'ARDÈCHE.

MESURES AGRAIRES. *Valeur en Arcs*

Sétérée, dite de roi, de 800 toises carrées (de Paris) à Privas, Chomerac, St-Fortunat, St-Pierreville, Vernoux. 30.390
— de 633 id., à Antraignes 24.046
— de 625 id., à Rochemaure. 23.742
— 605 id., à Tournon. 22.982
— de 600 id., à Aubenas, Chomerac, Jaugeac, Lavoute, Thueyts, Viviers, Vessaux. 22.792
— de 3600 pas carrés, à 2 pieds 9 pouces, à Andance. 28.728
— de 30,250 pieds carrés, à Annonay et Satilleu, pour les terres et les bois 31.920
— de 27,216 id. ibidem, pour les prés et jardins. 28.718
— de 23,760 id., à Chomerac. 25.071
— de 11,000, *mesure du cadastre,* à Serrières, pour les terres et bois. 11.607
— de 9900 *ibidem,* pour les terres et bois 10.447
Fessoirée de 6050 id., à Annonay, pour les vignes. 6.384
— de 4337 pieds 6 pouces, *dite de St-Clair,* à Annonay et Satillieu, pour les vignes 4.788
Salmée de 1600 toises carrées, à Vernoux. 60.780
Emine de 300 id., à Aubenas et Vessaux 11.396
Carto de 600 toises carrées, à Coucouron 22.792
— de 156 id., à Rochemaure 5.935
— *Carte, quarte* ou *cartonade* de 200 id., à St-Félicien, Lamastre, Montpezat, Privas, St-Fortunat, St-Pierreville, St-Martin de Valamas. 7.597
— de 150 id., à Jaugeac. 5.698
Metenchée, de 250, id., à St-Agrève. 9.497
Journal, de 1650 pieds carrés, à Serrières, pour les vignes 1.741
— de 2200 id., *mesure du cadastre,* ibidem. 2.322
— de 105 et 5/144 id., à Tournon, pour les vignes 3.990
Quarte, de 151 et 1/4 id., ibidem 5.748
— de 126 et 1/24 id. ibidem, pour les prés. 4.888
— de 210 et 5/72 id. ibidem, pour les bois. 7.980
Toise carr. du pays, 30 pieds 3 pouces carrés, à Annonay 0.032
Arpent ou *toise carr.,* dite de roi, à Bourg-St-Andéol, Burzet, Chayvlard, Joyeuse, l'Argentière, St-Etienne-de-Ludarès, St-Peray, Valgorge, Vallon. 0.038
Arpent, canne carr. ou *toise car.* de 6 pieds 2 pouces de côté, à Banne, les Vans, Villeneuve-de-Berg. 0.040
Arpent des eaux et forêts 51.072